U0170230

Excel
数据分析

从入门到精通

王　洋◎主编

湖南科学技术出版社 · 长沙

图书在版编目（CIP）数据

Excel 数据分析从入门到精通 / 王洋主编 . — 长沙：湖南科学技术出版社，
2024.1
ISBN 978-7-5710-2566-3

Ⅰ . ①E… Ⅱ . ①王… Ⅲ . ①表处理软件 Ⅳ . ① TP391.13

中国国家版本馆 CIP 数据核字（2023）第 248414 号

Excel SHUJU FENXI CONG RUMEN DAO JINGTONG

Excel 数据分析从入门到精通

主　　编：王　洋
出 版 人：潘晓山
责任编辑：杨　林
出版发行：湖南科学技术出版社
社　　址：湖南省长沙市开福区芙蓉中路一段 416 号泊富国际金融中心 40 楼
网　　址：http://www.hnstp.com
印　　刷：唐山楠萍印务有限公司
　　　　　（印装质量问题请直接与本厂联系）
厂　　址：唐山市芦台经济开发区场部
邮　　编：063000
版　　次：2024 年 1 月第 1 版
印　　次：2024 年 1 月第 1 次印刷
开　　本：710mm×1000mm　1/16
印　　张：15
字　　数：270 千字
书　　号：ISBN 978-7-5710-2566-3
定　　价：59.00 元

Excel 又称电子表格，是微软公司开发的 Microsoft Office 套装软件的重要组成部分。Excel 界面直观、计算功能强大，自 1985 年诞生至今，在财务会计、统计分析、证券管理、市场营销以及决策管理等领域有着广泛的应用，深受全世界用户的喜爱。对于从事财务、统计、仓储、人力资源等职业的人员来说，Excel 更是必备的工具。

用户想要使用 Excel 进行繁重的计算任务，就需要掌握用 Excel 进行数据分析的方法，这对一些初学者来说是比较困难的。为此，我们编写了这本《Excel 数据分析从入门到精通》，不但适用于想要快速学会 Excel 数据分析的新手，也可供那些有一定基础但缺乏 Excel 办公实战应用经验的办公人员。

本书从 Excel 基础知识入手，详细介绍了数据的输入，单元格的编辑，数据的排序、筛选与分类汇总，公式和函数，图表，数据透视表和数据透视图等内容。全书紧紧围绕"从入门到精通"这一原则，注重归纳和总结的综合性讲解，通过大量实例讲解，使读者能够快速将所学知识应用到实际工作中。具体来说，本书的特点包括：

◆ 实操为主，理论为辅

本书以实际操作为主，理论为辅。读者通过本书学会各种切实有用的实际操作后，能够迅速应用到工作中去，渐渐地就能掌握 Excel 的很多理论性的知识。

◆ 一步一图，图文并茂

为了让读者可以更易上手，本书在讲述实际操作的内容时力争做到一步一图，图文并茂，手把手地告诉读者某个操作该点哪里，某个选项卡或命令在哪个位置等，让读者快速掌握 Excel 的各种操作技能。

◆ 实用案例，一学就会

本书介绍 Excel 数据分析的诸多内容时，举了多个诸如"员工工资表""销售情况表"等具有实用意义的工作表的办公实例。通过我们的详细介绍，读者很容易能够掌握 Excel 数据分析的各种操作。

◆ 有趣板块，拓展延伸

在每一节的结尾，我们都精心制作了一个内容有趣而实用的小版块，内容紧紧围绕正文，帮助读者进一步加深对 Excel 的认识。

希望本书能够成为读者学习 Excel 数据分析的良师益友，为读者在办公中提供便利，帮助读者在职场中取得更加出色的表现。相信通过学习本书，读者不仅可以快速掌握 Excel 数据分析的方法，还能领悟出一些技巧和窍门，最终找到适合自己的办公方式，提高工作效率和质量，促进个人的职业发展。

在本书编写过程中，我们尽力保证内容的准确性和全面性，但由于编者水平有限以及时间限制，难免存在一些不足之处。因此，我们非常希望读者能够提出宝贵的意见和建议，帮助我们不断改进和完善本书，以便更好地满足读者的需求。同时，我们也会认真倾听读者的反馈意见，不断改进和升级本书的内容与质量，让读者获得更好的学习体验和使用效果。

目 录
CONTENTS

第4章 公式应用基础

第5章 函数应用基础

第6章　图表的应用

第7章　数据透视表和数据透视图

Chapter

01

第 1 章

数据的输入

 导读

使用Excel制作电子表格时，需要输入各种各样的数据，常见的有文本、数值等，有时候还需要输入日期、时间和编号等。本章就给大家讲解一下数据的输入问题。

学习要点：★掌握输入文本、数值等基础数据的方法
★掌握输入身份证号、特殊符号等特殊数据的方法
★掌握快速填充的方法

1.1 输入基础数据

我们创建 Excel 表格，就需要输入各种数据，其中最基础的数据就是文本（指汉字、字母、空格等字符）和数值，还包括日期和时间，这些都是创建表格的基础。

1.1.1 输入文本

文本数据是我们工作时最常用的数据，其输入是比较简单的，我们能够打开空白文件簿，学会切换输入法，通常就可以进行文本的输入了。

1️⃣ 输入文本的操作步骤如下：用鼠标双击桌面上的Excel程序图标，启动Excel程序。

2️⃣ 程序启动后，单击【空白工作簿】即可创建空白工作簿，如图1-1所示。

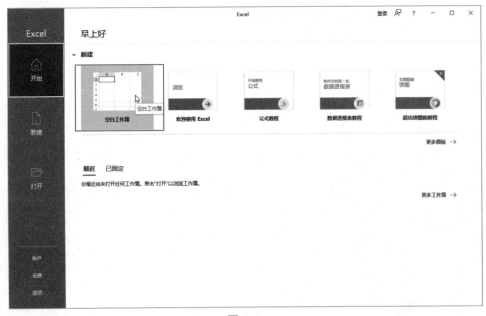

图 1-1

3️⃣ 选中工作表中空白的A1单元格，输入标题文本，例如"工资统计表"，如图1-2所示，按【Enter】键确定。

图 1-2

4　按照上一步骤的方式，可以输入各列的标题，例如"姓名""部门""应
　发工资"等，如图1-3所示。

图 1-3

很多时候，我们需要在工作表中输入字母，有时候还需要切换大小写，这时候就要用到键盘上的【Caps Lock】键了：按下该键，就能输入大写字母；再按一次，就能输入小写字母。

1.1.2 输入数值

制作电子表格时，需要输入数值的地方非常多，而且数值的表现形式也多种多样，有正数，也有负数，还有小数、分数等，百分比也被计入数值的范畴。输入一般的数值比较简单，而要输入比较特殊的数值时，就需要运用一定的技巧了。

1.输入负数

某些输入法可以直接打出负号。除此之外，也可以选中单元格之后直接输入带括号的数字，例如"（5000）"，如图1-4所示。接着按下【Enter】键，"（5000）"就直接变成"-5000"了，如图1-5所示。

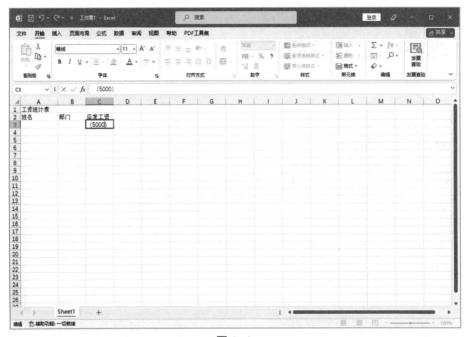

图1-4

图 1-5

2.输入分数

由于 Excel 会直接将"/"识别为日期,所以我们想要输入分数时就会遇到困扰。例如,我们在单元格中输入 1/2,按下【Enter】键,系统就会自动将其变为日期,如图 1-6、图 1-7 所示。

图 1-6

005

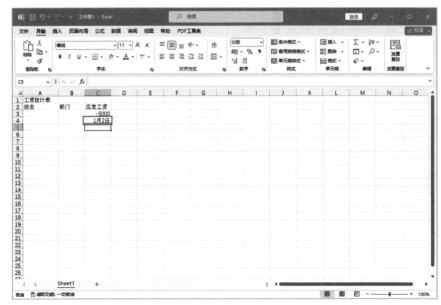

图 1-7

所以，我们想要输入分数时，如果有整数部分，可以先输入整数部分，按下空格键，再输入分数部分，如图 1-8 所示。按【Enter】键，显示结果如图 1-9 所示。

图 1-8

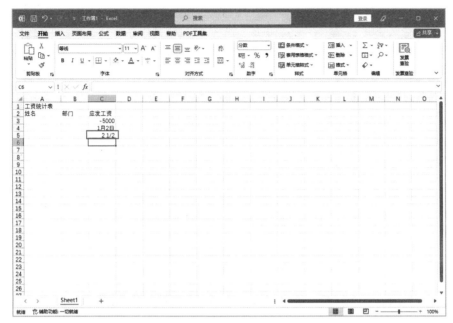

图 1-9

如果没有整数部分，可以先输入 0，按下空格键，再输入分数部分，如图 1-10 所示。按【Enter】键，显示结果如图 1-11 所示。

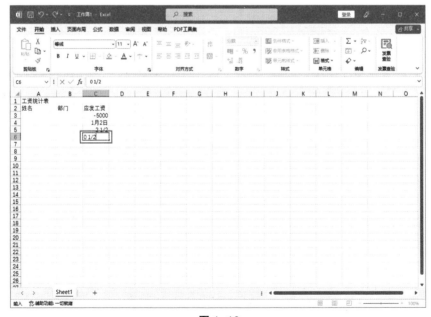

图 1-10

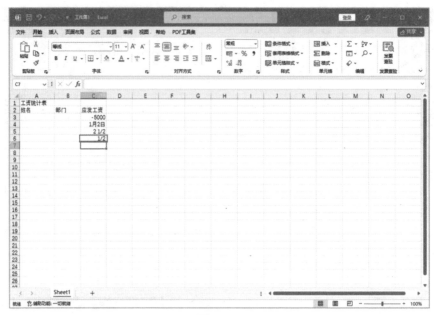

图 1-11

3.输入以0开头的数字

在工作中，有时候需要输入以 0 开头的数字。但是，在 Excel 的单元格中输入以 0 开头的数字，例如 001，如图 1-12 所示，按下【Enter】键，开头的 0 就会消失，如图 1-13 所示。

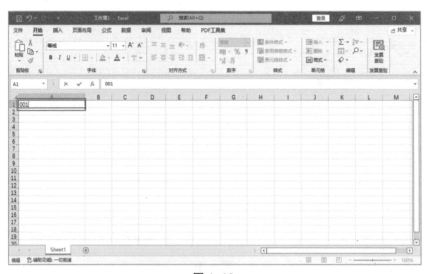

图 1-12

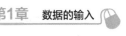

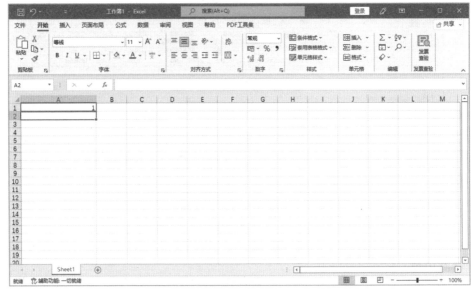

图1-13

如果想让 0 显示出来，就需要比较特殊的输入方式，操作步骤如下：

1 在单元格中输入英文状态下的单引号和0开头的数字，如输入"'001"，如图1-14所示。

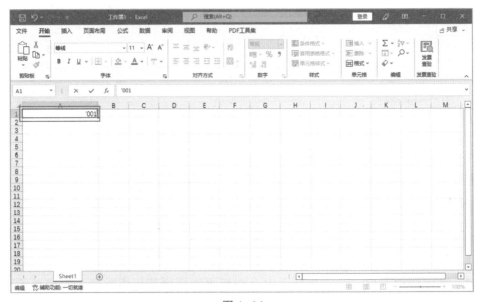

图1-14

2 按【Enter】键，如图1-15所示。

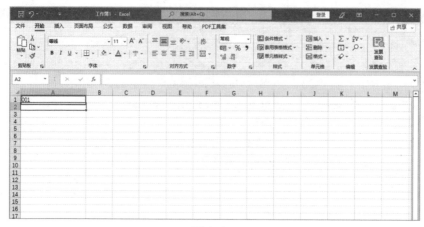

图 1-15

4.输入小数

在单元格中输入小数，需要先设置一下单元格格式，才能得到想要的小数样式，操作步骤如下：

1 想要快速在单元格中输入小数，可以先在单元格中输入一个数值，例如"4735"，如图1-16所示。

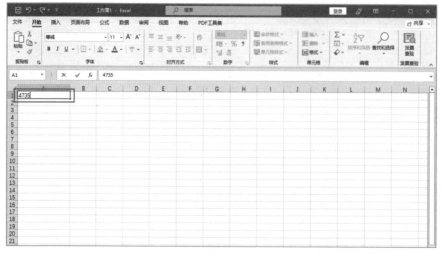

图 1-16

2 选定该单元格，单击鼠标右键，在弹出的快捷菜单中选择【设置单元格格式】命令，或直接按【Ctrl＋1】组合键，如图1-17所示。

3 弹出【设置单元格格式】对话框，单击【数字】选项卡下【分类】框中
的【数值】类别，在【小数位数】文本框中输入需要的小数位数，例如
"2"，单击【确定】按钮，如图1-18所示。

图 1-17   图 1-18

4 单元格中的数字会保留2位小数，如图1-19所示。

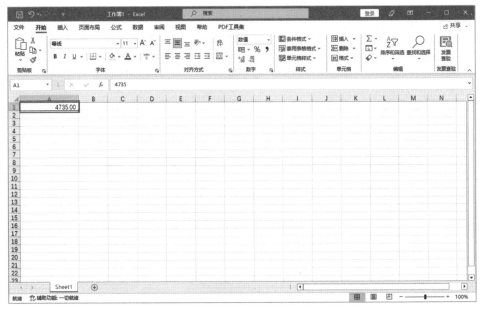

图 1-19

5.输入货币数据

一些情况下需要在单元格中输入货币数据，操作步骤如下：

1. 选中单元格，按【Ctrl+1】组合键，在弹出的【设置单元格格式】对话框中选择【数字】选项卡下【分类】框中的【货币】类别，在【货币符号（国家/地区）】的下拉列表中选择一种货币符号，单击【确定】按钮，如图1-20所示。

图1-20

2. 返回工作表，单元格中的数字前面就会自动添加货币符号，如图1-21所示。

图1-21

1.1.3 输入日期和时间

1.输入日期

1 打开空白文件簿，选中需要输入日期的单元格，在其中输入常见的日期格式，例如"2023-6-7"，如图1-22所示。

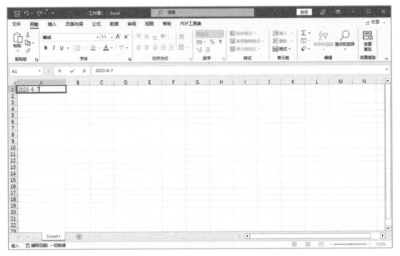

图 1-22

2 按下【Enter】键，单元格中的日期会显示为"2023/6/7"，如图1-23所示。

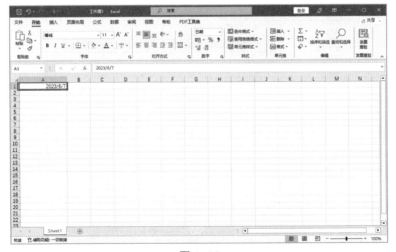

图 1-23

3 也可以输入中文日期，例如"6月7日"，如图1-24所示。

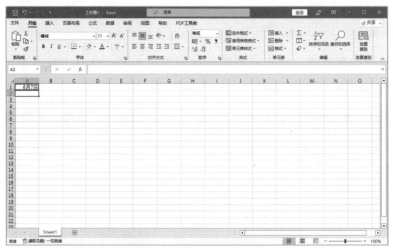

图 1-24

4 选中该单元格，按【Ctrl + 1】组合键，在【设置单元格格式】对话框中选择【数字】选项卡下【分类】框中的【日期】类别，选择要统一应用的日期类型，如【3/14】样式，单击【确定】按钮，如图1-25所示。

图 1-25

⑤ 返回工作表中，单元格中的日期就变成了我们选定的样式，如图1-26
所示。

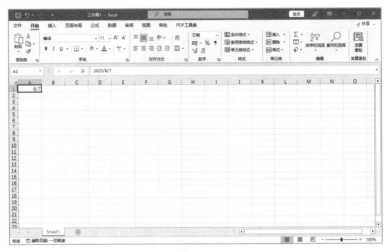

图 1-26

如果想要输入当前的日期，可以选中单元格，按【Ctrl+;】组合键，系
统就会自动输入当前的日期。

2.输入时间

① 在单元格中输入指定时间，需要按照默认格式输入，例如"11:40"，如
图1-27所示。

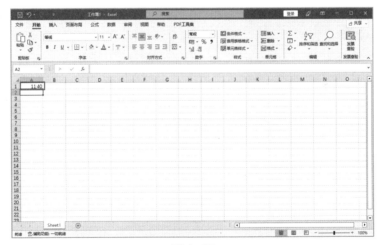

图 1-27

2 想要改变时间格式，可以在输入时间后按【Ctrl + 1】组合键，在【设置单元格格式】对话框的【数字】选项卡下的【分类】框中，选择【时间】类别，在右侧的【类型】列表框中选择一种类型，如【13时30分】类型，单击【确定】按钮，如图1-28所示。

图 1-28

3 返回工作表中，输入的时间就变成了"11时40分"，如图1-29所示。

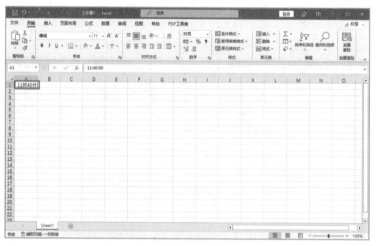

图 1-29

如果想要输入当前的时间，可以选中单元格，按【Shift+Ctrl+；】组合键，系统就会自动输入当前的时间。

实用贴士

想一次选中多行或者多列组成的单元格区域,【Shift】键是我们的得力助手。先选中任意一个单元格,按住【Shift】键不放,同时点按鼠标左键,即可连续选中多行或者多列组成的单元格区域。

1.2 输入特殊数据

在工作时,除了要输入基础数据,有时还需要输入一些特殊数据,例如身份证号和特殊符号等。这些数据用常规方式输入是不太容易的,需要采用一些特殊的方法。

1.2.1 输入身份证号码

在工作中,时常有用户发现,正常输入身份证号码,按【Enter】键之后号码却无法正常显示,如图 1–30、图 1–31 所示。出现这种情况,主要是因为 Excel 单元格默认的数字上限为 11 位,超过 11 位时系统就会自动将其转换为科学记数格式。

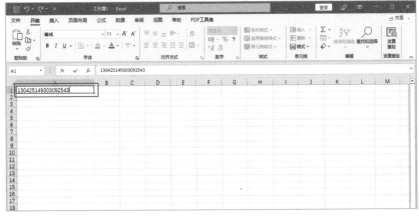

图 1–30

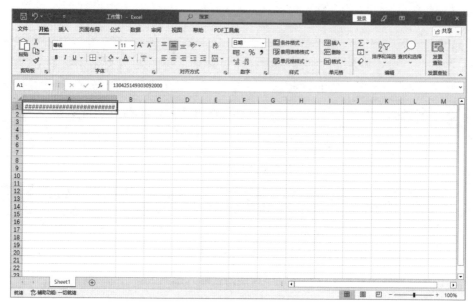

图 1-31

1 想要输入长达18位的身份证号码，可以先输入英文状态下的单引号，再输入身份证号码，如图1-32所示。

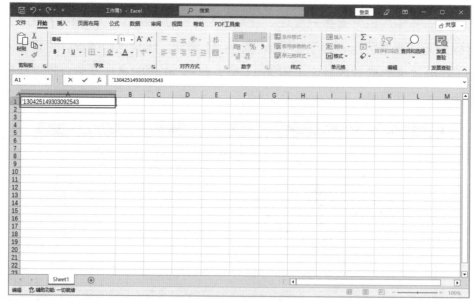

图 1-32

2 按下【Enter】键，就可以输入完整的身份证号码，如图1-33所示。

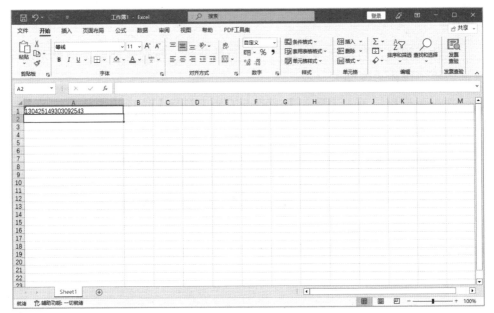

图 1-33

3 还可以选定单元格之后，按【Ctrl＋1】组合键，在【设置单元格格式】对话框的【数字】选项卡下，选择【分类】框中的【文本】类别，单击【确定】按钮，如图1-34所示。

图 1-34

4 返回工作表，此时再输入身份证号码，按下【Enter】键，就可以正常显示了。

1.2.2 输入特殊符号

制作表格时，时常会需要输入一些特殊符号，特别是那些用键盘无法输入的符号，操作步骤如下：

1 选中单元格，单击【插入】选项卡下的【符号】选项组中的【符号】按钮，如图1–35所示。

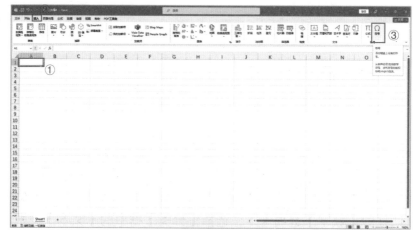

图 1–35

2 弹出【符号】对话框，选择需要的特殊符号，如符号【※】，单击【插入】按钮，如图1–36所示。

图 1–36

③ 输入结果如图1-37所示。

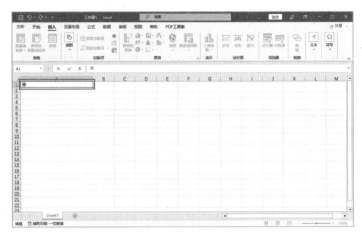

图 1-37

1.2.3 自动输入数据

　　Excel 的记忆功能是工作的好助手，能够减少相同数据的重复输入次数，节省时间。例如，只要我们在某一单元格中输入了"编辑1组"四字，在其他单元格输入"编"字，系统就会自动显示之前输入的数据，如图1-38所示。

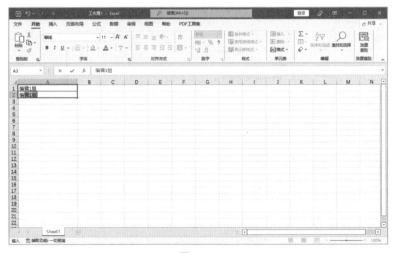

图 1-38

如果在其他单元格输入相同数据叮，系统没有自动显示之前输入的数据，那就说明 Excel 的记忆功能并未开启。开启 Excel 的记忆功能的操作步骤如下：

1 单击【文件】选项卡，在弹出的Excel主界面中单击【选项】按钮，如图1-39所示。

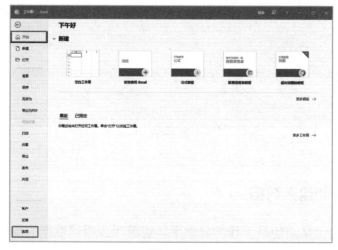

图 1-39

2 弹出【Excel选项】对话框，选择【高级】选项卡，在【编辑选项】选项组中勾选【为单元格值启用记忆式键入】复选框，单击【确定】按钮，记忆功能就会开启，如图1-40所示。

图 1-40

使用下拉列表也可以自动输入之前输入的数据，操作步骤如下：

1 在单元格输入数据，如"编辑1组""编辑2组"，在下一单元格中单击鼠标右键，从快捷菜单中选择【从下拉列表中选择】命令，如图1-41所示。

图 1-41

2 在单元格上就会弹出此前输入的数据，如图1-42所示。

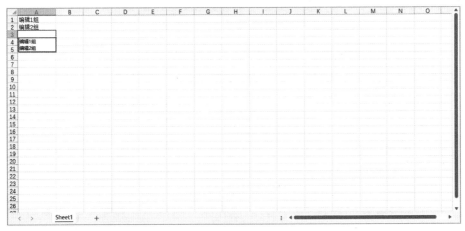

图 1-42

3 单击其中一个数据就会自动输入，如图1-43所示。

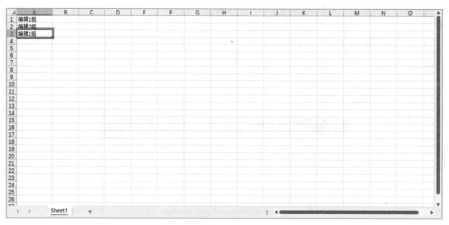

图 1-43

如果我们需要的特殊符号在 Excel 中无法找到，也可以借助其他方式输入。例如，我们可以在浏览器中搜索，找到这个特殊符号后复制到 Excel 中来；有不少输入法内置了大量特殊符号，我们也可以在输入法中找到相关按钮或者快捷键进行输入。

1.3　快速填充

在工作表中填写数据，特别是一些有某种规律的数据，就可以利用 Excel 的快速填充功能，快速输入大量数据，使工作效率得到提高。

1.3.1　填充文本

如果需要输入的文本内容相同，可以进行填充，操作步骤如下：

1　在单元格填充"姓名"二字，可以在第一列输入"姓名"，接着将鼠标指针移至该单元格右下角，鼠标指针变成【＋】形状的控制柄，如图 1-44所示。

图 1-44

2 按住鼠标左键向下拖动，单元格区域内都会填充为"姓名"，如图1-45所示，松开鼠标左键即可完成填充。

图 1-45

1.3.2　填充数值

除了文本，还会输入数值。想要输入相邻单元格数字递增值为"1"的等差序列，操作步骤如下：

1 在选定的单元格内输入一个数值，例如"001"，输入完成后，选中该单元格，将鼠标移到单元格右下角，鼠标指针变成【➕】形状的控制柄，如图1-46所示。

图1-46

2　按住鼠标左键向下拖动，就可以得到以0开头的填充序列，如图1-47所示。

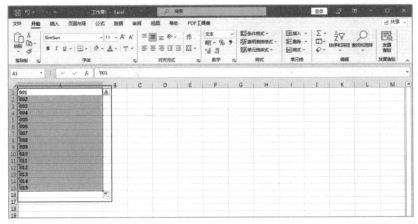

图1-47

系统默认相邻单元格数字递增值为"1"，如果想要修改步长值（即连续序列号的差），可以进行如下操作：

1　在单元格区域填充同一数值，例如"1"，如图1-48所示。

图1-48

② 单击【开始】选项卡下的【编辑】选项组中的【填充】下拉按钮，在下
拉列表中选择【序列】选项，如图1-49所示。

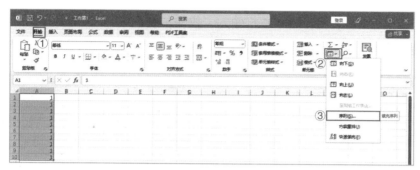

图 1-49

③ 弹出【序列】对话框，在【序列产生在】选项框中选择【列】，在【类
型】选项框中选择【等差序列】，在【步长值】文本框中填写"3"，单
击【确定】按钮，如图1-50所示。

图 1-50

④ 最终效果如图1-51所示。

图 1-51

1.3.3 快捷键填充

想要在多个单元格（可以是不相邻的单元格）中输入相同的内容，可以使用【Ctrl+Enter】组合键来进行输入，操作步骤如下：

1 按住【Ctrl】键，随机选择多个单元格，如图1–52所示。

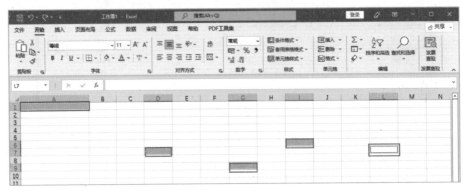

图 1–52

2 选定随机单元格后，在最后选中的单元格内输入内容，如"惊喜"，按下【Ctrl+Enter】组合键，被选中的所有单元格都会同时显示相同的"惊喜"二字，如图1–53所示。

图 1–53

实用贴士　　从 Excel 2013 版本开始，推出了快速填充功能，立即引起了广大用户的推崇，被誉为"神器"。这一"神器"位于【开始】选项卡下的【编辑】选项组，单击【填充】下拉按钮，在下拉列表中就可以找到【快速填充】按钮。

Chapter

02

第 2 章
数据的编辑

导读 ▷

在表格中输入数据后，需要对其进行一定的编辑，例如修改、删除、移动、复制、粘贴、查找、替换和定位等。在一些较为特殊的情况下，还要对单元格中的数据进行隐藏和锁定等。

学习要点：★掌握修改和删除数据

★掌握撤销和恢复数据

★掌握隐藏和保护数据

★掌握移动、复制和粘贴数据

★掌握查找、替换和定位数据

2.1 修改和删除、撤销和恢复

用户在单元格中输入数据时，难免出现一些错误，此时就需要进行修改。有些情况下，还需要对单元格中的数据进行删除。当操作失误时，可以直接撤销操作和恢复操作。

2.1.1 修改数据

在单元格输入错误的数据后，如果只有一部分错误，进行修改的操作步骤如下：

1️⃣ 打开工作表，选中需要修改数据的单元格，选择需要修改的文本，如"礼仪"二字，如图2-1所示。

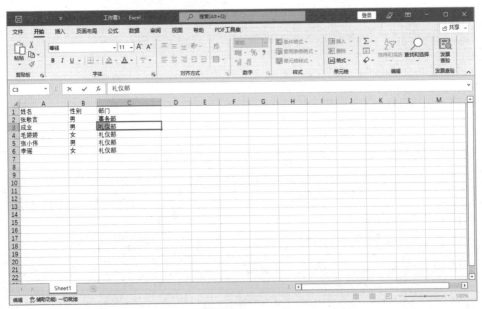

图 2-1

2️⃣ 重新输入正确的文本"事务"，按【Enter】键修改完成，如图2-2所示。

3️⃣ 如果某单元格中的数据全部输入错误，就需要选中该单元格，如图2-3所示，重新输入正确的数据，按【Enter】键修改完成，如图2-4所示。

图 2-2

图 2-3

图 2-4

2.1.2 删除数据

想要删除单元格中的数据，要避免误操作将单元格整体删除，那样会带来一些麻烦。删除数据的操作步骤如下：

1 选中想要删除的单元格区域，如A6:C6单元格区域，如图2-5所示。

图 2-5

2 在单元格区域单击鼠标右键，在弹出的快捷菜单中选择【清除内容】命令，如图2-6所示。

3 返回工作表，显示结果如图2-7所示。

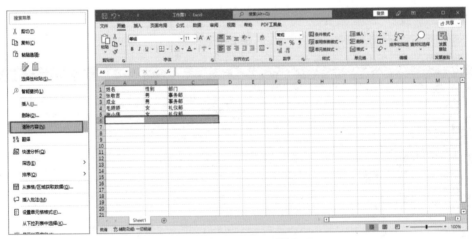

图 2-6   图 2-7

此外，选中单元格区域后，按【Delete】键，也可以删除单元格区域中的数据。

2.1.3 删除重复行

在工作中，有时难免发现工作表中出现了重复行，需要将其删除以免影响工作效率。

删除重复行的操作步骤如下：

1　从A1:E7单元格区域中选择任意单元格，单击【数据】选项卡，选择【数据工具】选项组中的【删除重复值】按钮，如图2-8所示。

2　弹出【删除重复值】对话框，在【列】选项组中选择一个或多个包含重复值的列，工作中通常单击【全选】按钮，选中所有列，单击【确定】按钮，如图2-9所示。

3　将会弹出一个提示框【发现了1个重复值，已将其删除；保留了5个唯一值。】，单击【确定】按钮，如图2-10所示。

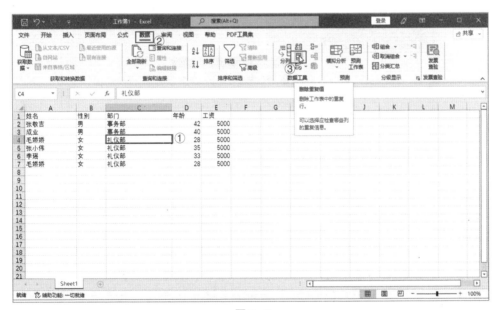

图 2-8

图 2-9

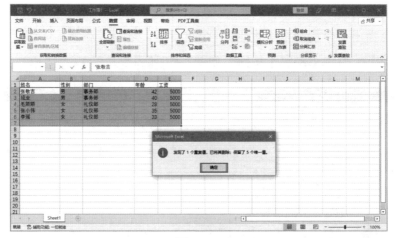

图 2-10

实用贴士

　　在对单元格数据进行修改和删除时，【Backspace】键和【Delete】键都是比较常用的。不同的是，按下【Backspace】键后，会进入编辑状态，按下【Delete】键却不会进入该状态，而是直接删除单元格内全部数据。

2.1.4 撤销和恢复

在工作中，如果进行了错误的修改和删除时，没有必要重新制作表格，只需要使用撤销和恢复操作就可以了。

1.撤销操作

撤销操作指让表格还原至误操作前的状态，操作步骤如下：

1 因错误操作清除了A2:E2单元格区域中的内容，此时单击【快速访问】工具栏中的【撤消】按钮，即可撤销这次操作，如图2-11所示。

图 2-11

2 也可以单击【撤消】右侧的下拉按钮，在下拉列表中选择返回到某一具体操作前的状态，如图2-12所示。

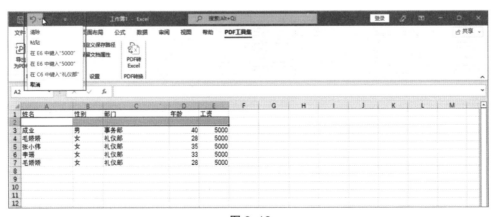

图 2-12

2.恢复操作

撤销操作执行完毕后，如果发现撤销的不对，就可以执行恢复操作，让表格恢复到执行撤销操作前的状态，操作步骤如下：

1️⃣ 单击【快速访问】工具栏中的【恢复】按钮，如图2-13所示。

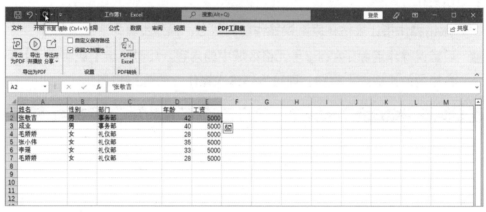

图 2-13

2️⃣ 也可以单击【恢复】按钮右侧的下拉按钮，在下拉列表中选择恢复到某一具体操作后的状态，如图2-14所示。

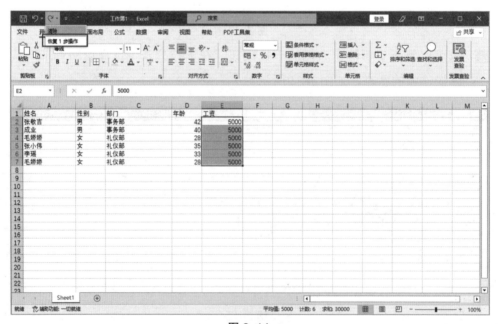

图 2-14

2.2 隐藏和保护

在工作中，将一些单元格或单元格区域的数据隐藏起来有利于保护信息安全；有时为了避免误操作或保护数据信息的安全，还需要锁定单元格、单元格区域甚至整个工作表。

2.2.1 隐藏单元格

只是想将某个单元格中的数据隐藏起来，可以设置隐藏单元格，操作步骤如下：

1 选中想要隐藏的单元格，如A2单元格，单击【开始】选项卡下的【字体】选项组中的【字体颜色】下拉按钮，在下拉列表中将字体颜色设置成和背景颜色相一致，如图2–15所示。

图 2–15

2 想看到该单元格的内容，可以选中该单元格，编辑栏中就会显示出数据，如图2–16所示。

图 2–16

2.2.2 保护工作表

以上方法算不上真正的隐藏，想要更加隐蔽，就可以在此基础上对单元格或工作表进行保护设置，操作步骤如下：

1 利用上述方法将A2:E2单元格区域数据隐藏起来，选中该单元格区域，单击【审阅】选项卡，在【保护】选项组中单击【保护工作表】按钮，如图2-17所示。

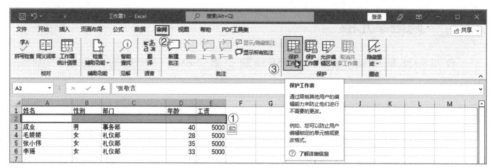

图 2-17

2 弹出【保护工作表】对话框，在【取消工作表保护时使用的密码】框内设置一个密码，单击【确定】按钮，如图2-18所示。如果保密级别不高，也可以不输入密码，直接单击【确定】按钮完成保护操作。

3 在弹出的【确认密码】对话框中再次输入上一步中设置的密码，单击【确定】按钮即可，如图2-19所示。

图 2-18

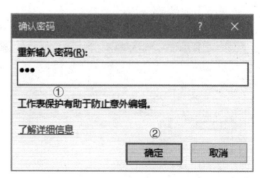

图 2-19

4 此时单元格内的数据已经被锁定，无法进行编辑。想要编辑时，显示结果如图2-20所示。

图 2-20

保护单元格或工作表后，要想编辑数据，需要先撤销工作表保护状态，操作步骤如下：

1 选中之前隐藏的单元格区域，单击【审阅】选项卡，在【保护】选项组中单击【撤消工作表保护】按钮，如图2-21所示。

图 2-21

2 在弹出的【撤消工作表保护】对话框中输入设置好的密码，单击【确定】按钮即可，如图2-22所示。如果并没有设置密码，单击【撤消工作表保护】按钮就可以撤销工作表保护状态。

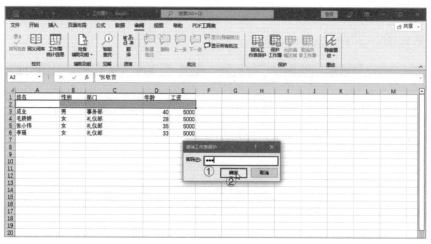

图 2-22

保护工作簿也可以单击左上角【文件】选项卡，在弹出的主界面中选择【信息】选项，单击【保护工作簿】下拉按钮，选择【用密码进行加密】，输入密码后，打开此工作簿就必须输入密码才可以。

2.3 移动、复制与粘贴

在 Excel 中，时常要将工作表中的数据从一个单元格或单元格区域移动或复制到另一个单元格或单元格区域。

2.3.1 移动单元格数据

移动单元格数据的操作步骤如下：

1. 打开工作表，选中想要移动的D1单元格，让鼠标指针停留在单元格四周，指针会变成【⛬】形状，如图2-23所示。

图 2-23

2　按住鼠标左键，就可以将D1单元格的数据拖至D4单元格，松开鼠标左键，就实现了数据的移动，如图2-24所示。

图 2-24

2.3.2　复制单元格数据

复制单元格数据的操作步骤如下：

选中需要复制的单元格，如 D4 单元格，在【开始】选项卡下的【剪贴板】选项组，单击【复制】下拉按钮，在下拉列表中选择【复制】选项，就实现了数据的复制，如图 2-25 所示。也可以在选中 D4 单元格后，直接按【Ctrl+C】组合键进行复制。

图 2-25

另外，还有一种方法，和移动单元格数据类似，操作步骤如下：

1️⃣ 选中D4单元格，将鼠标指针放在单元格四周的绿色边框上，按住【Ctrl】键，鼠标指针右上角会出现一个小小的【+】，如图2-26所示。

图 2-26

2️⃣ 按住【Ctrl】键不放，同时按住鼠标左键将该单元格拖至D1单元格位置，也可以实现复制操作，如图2-27所示。

图 2-27

如果需要剪切数据，可以选择【开始】选项卡下的【剪贴板】选项组中的【剪切】按钮进行剪切；也可以直接按【Ctrl+X】组合键进行剪切。

2.3.3　粘贴单元格数据

想要将单元格中的全部数据进行粘贴，可以在【开始】选项卡下的【剪贴板】选项组中单击【粘贴】按钮进行粘贴；也可以直接按【Ctrl+V】组合键进行粘贴。如果不需要粘贴全部数据，只是粘贴部分数据，如其中的格式、公式等，就需要选择性粘贴。

粘贴单元格数据的操作步骤如下：

1️⃣ 选中A4:D4单元格区域，在【开始】选项卡下的【剪贴板】选项组，单击【复制】下拉按钮，在下拉列表中选择【复制】选项，如图2-28所示。

图 2-28

2️⃣ 选择要粘贴的位置A7单元格，单击【开始】选项卡下的【剪贴板】选项组中的【粘贴】按钮，显示结果如图2-29所示。

粘贴单元格数据时，还可以将横排数据转置为竖排数据，或将竖排数据转置为横排数据，用【转置】选项便可实现这一操作，操作步骤如下：

1️⃣ 复制A4:D4单元格区域的数据，选择需要粘贴的位置A7单元格，单击【开始】选项卡下的【剪贴板】选项组中的【粘贴】下拉按钮，在下拉列表中选择【转置】选项，如图2-30所示。

图 2-29

图 2-30

2　返回工作表，显示结果如图2-31所示。

图 2-31

实用贴士

不少用户在进行移动、复制与粘贴的操作时，总是习惯使用【↑】键、【↓】键、【←】键和【→】键来控制光标的位置。有的时候，这些光标却会突然失灵，很可能是用户不小心按下了【Scroll Lock】键（此时键盘右上角的三个小灯中的第三个就会亮起）。按下该键，光标就不会跳转了，而是整张工作表一起动；再次按下该键，就能正常使用四个箭头键操作了。

2.4 查找、替换和定位条件

Excel 的查找功能是一个非常便利的功能，能让我们从大量数据中轻松查找到需要的数据；而替换功能也非常常用，能够将指定的数据替换成需要的数据；定位条件功能是一个强大的功能，我们需要进行批量查找、替换等操作时，该功能能够大大提高工作效率。

2.4.1 查找

进行查找操作，首先要明确查找的范围是多大：如果是整个工作表，就可以在选中任意一个单元格后进行操作；如果是在指定的单元格区域进行查找，则需要先选择相应的单元格区域再进行查找。

在整个工作表查找的操作步骤如下：

1 在工作表中选中任意一个单元格，例如A11单元格，然后在【开始】选项卡下的【编辑】选项组，单击【查找和选择】下拉按钮，在下拉列表中选择【查找】选项，如图2-32所示。

2 弹出【查找和替换】对话框，在【查找】选项卡下的【查找内容】文本框中输入要查找的内容，如"礼仪部"，单击【查找全部】按钮或【查找下一个】按钮即可，这里单击【查找全部】按钮，如图2-33所示。

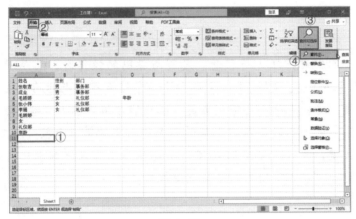

图 2-32

图 2-33

3　查找结果如图2-34所示。

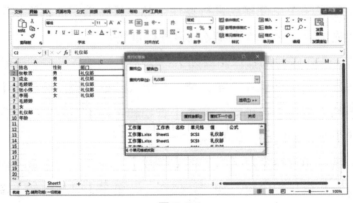

图 2-34

在指定区域查找的操作步骤如下：

1 选中工作表中的A2:D7单元格区域，在【开始】选项卡下的【编辑】选项组，单击【查找和选择】下拉按钮，在下拉列表中选择【查找】选项，如图2-35所示。

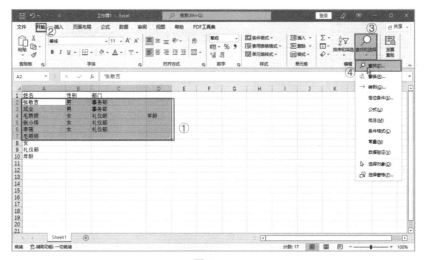

图 2-35

2 弹出【查找和替换】对话框，在【查找】选项卡下的【查找内容】文本框中输入要查找的内容，如"礼仪部"，单击【查找全部】或【查找下一个】按钮即可，这里单击【查找下一个】按钮，如图2-36所示。

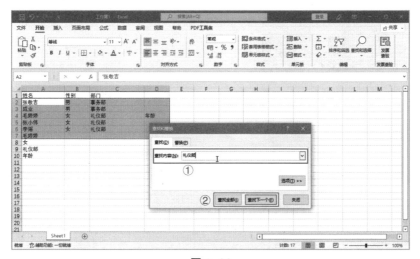

图 2-36

3 查找结果如图2-37所示。

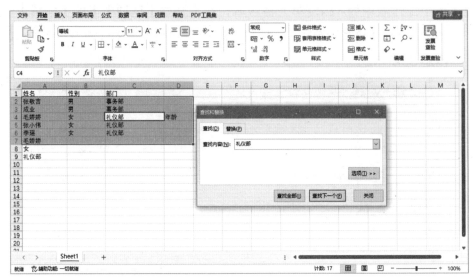

图 2-37

在指定区域内进行查找时，如果输入的是不属于该区域的数据，就会出现错误提示框，如图 2-38、图 2-39 所示。

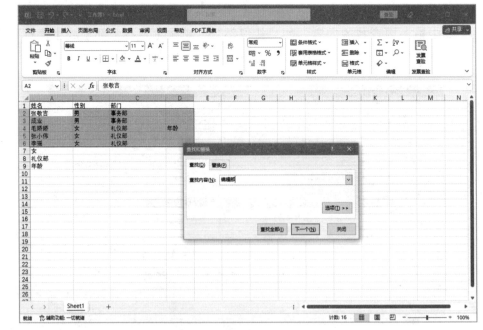

图 2-38

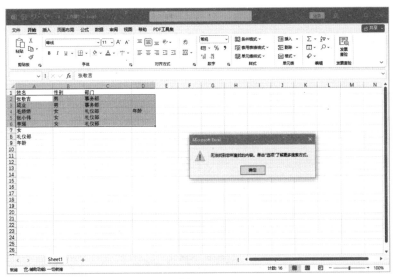

图 2-39

2.4.2　替换

替换的操作方法与查找操作类似，首先要确定好范围，操作步骤如下：

1. 选中C2:C3单元格区域，在【开始】选项卡下的【编辑】选项组，单击【查找和选择】下拉按钮，在下拉列表中选择【替换】选项，如图2-40所示。

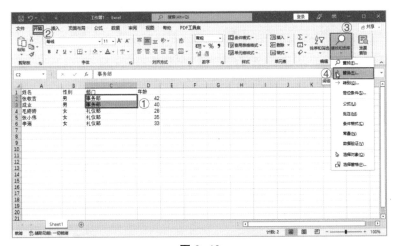

图 2-40

② 弹出【查找和替换】对话框，在【替换】选项卡下的【查找内容】文本框中输入"事务部"，在【替换为】文本框中输入"礼仪部"，如图2-41所示。

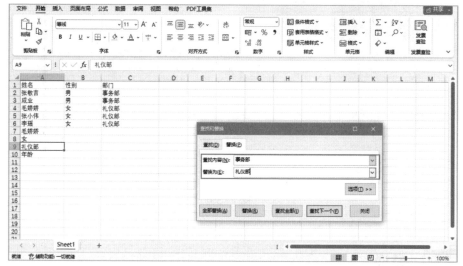

图 2-41

③ 单击【全部替换】按钮进行全部替换，单击提示框中的【确定】按钮，如图2-42所示。也可以单击【替换】和【下一个】两个按钮，进行逐个替换。

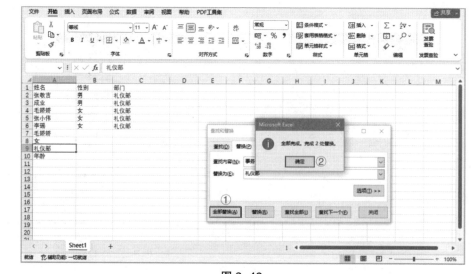

图 2-42

2.4.3 定位条件

在查找或替换功能的基础上，Excel 还提供了强大的定位条件功能，主要针对没有录入数据的单元格。使用定位条件功能，能够迅速查找定位到空值单元格、引用单元格、行列内容差异单元格等。其中，定位【空值】单元格的功能是工作中使用最频繁的，操作步骤如下：

1. 打开工作表，选中指定的单元格区域，如A2:E6单元格区域，在【开始】选项卡下的【编辑】选项组，单击【查找和选择】下拉按钮，在下拉列表中选择【定位条件】选项，如图2-43所示。

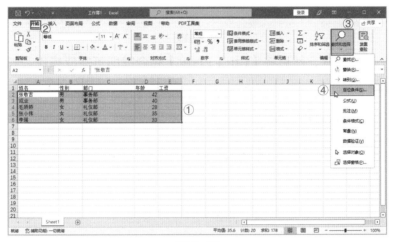

图 2-43

2. 弹出【定位条件】对话框，在【选择】项目中选择【空值】单选按钮，单击【确定】按钮，如图2-44所示。

图 2-44

③ 指定的单元格区域中的全部空值单元格被选中，如图2-45所示。

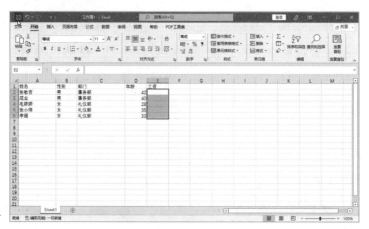

图 2-45

④ 输入"5000"，然后按【Ctrl + Enter】组合键即可完成操作，如图2-46所示。

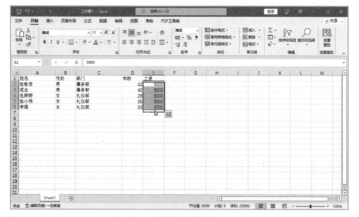

图 2-46

实用贴士

　　由于在实际工作中，查找、替换和定位条件三个功能使用频率较高，Excel专门为这三个功能设置了快捷键，分别是组合键【Ctrl + F】【Ctrl + H】和【Ctrl + G】，为工作提供了很大的便利。

Chapter

03

第 3 章

数据排序、筛选与分类汇总

 导读 ▷

Excel具有强大的数据管理与分析功能，利用这一功能可以有序地管理各种数据信息，包括对表格中的数据进行排序、筛选和分类汇总，这样就可以从大量数据中提炼出需要的数据项，方便表格数据的查阅。

学习要点：★掌握数据的排序方法

★掌握数据的筛选方法

★掌握数据的分类汇总方法

3.1 数据排序

使用 Excel 的排序功能，能够按照一定的顺序重新排列工作表中的数据。数据排序方法主要包括单字段排序、多字段排序和自定义排序等。

3.1.1 单字段排序

单字段排序，即对单一字段的简单排序，例如按照一个关键字进行排序等。只要设置不同的排序条件，就能得到不同的排序结果。

以"超市进货统计表"为例，可以将单元格区域中的任意字段名称进行排序，如按照"商品名"这个条件进行排序，单字段排序的操作步骤如下：

1 选择单元格区域中的任意一个单元格，单击【数据】选项卡，在【排序和筛选】选项组中单击【排序】按钮，如图3-1所示。

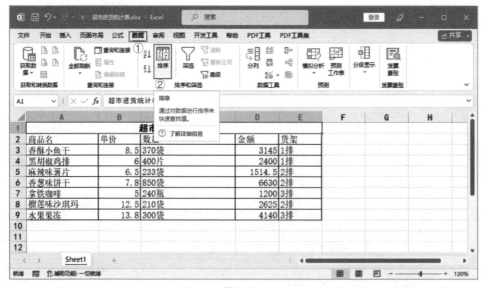

图 3-1

2 弹出【排序】对话框，在【排序依据】下拉列表中选择【商品名】选项，在【次序】下拉列表中选择【降序】选项，单击【确定】按钮，如图3-2所示。

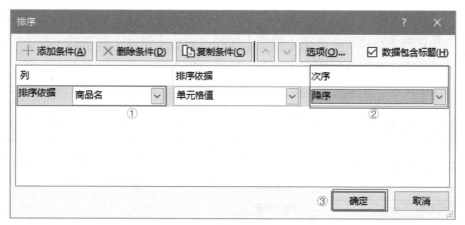

图 3-2

③　返回工作表，所有数据都会按照"商品名"中各商品名的首字母进行降序排序，如图3-3所示。

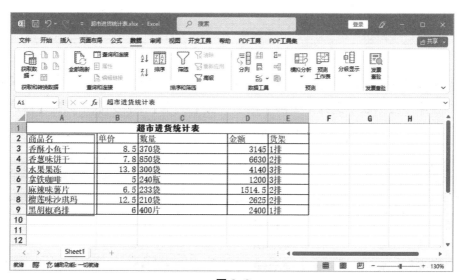

图 3-3

3.1.2　多字段排序

如果想对工作表中的多个关键字进行排序，步骤就要复杂得多。以"员工工资表"为例，按照"性别"这个条件进行升序排序，还可以增加排序条件，如对"工龄"进行降序排序，操作步骤如下：

1 选择单元格区域中的任意一个单元格，单击【数据】选项卡，在【排序和筛选】选项组中单击【排序】按钮，弹出【排序】对话框，在【排序依据】下拉列表中选择【性别】选项，在【次序】下拉列表中选择【升序】选项，如图3-4所示。

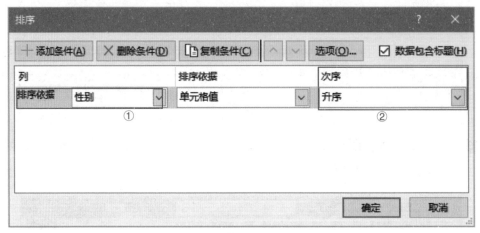

图 3-4

2 单击【添加条件】按钮，就可以添加一组新的排序条件，在【次要关键字】下拉列表中选择【工龄】选项，在【次序】下拉列表中选择【降序】选项，单击【确定】按钮，如图3-5所示。

图 3-5

3 返回工作表，可以看到在"性别"进行升序排列的基础上，按照"工龄"进行了降序排序，显示结果如图3-6所示。

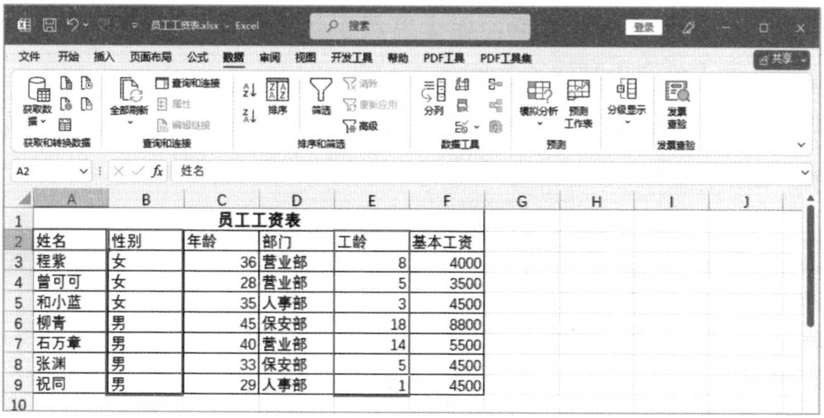

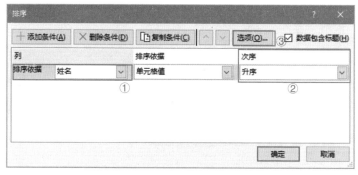

图 3-6

3.1.3　特殊排序

1.按笔画排序

Excel 汉字的默认排序方式是按照拼音（即字母顺序）进行排列的。而在工作中，有时候也需要按照笔画顺序进行排列，操作步骤如下：

1. 打开工作表，以"员工工资表"为例，选中任意一个单元格，在【数据】选项卡下的【排序和筛选】选项组中，单击【排序】按钮，弹出【排序】对话框，单击【排序依据】下拉按钮，在下拉列表中选择【姓名】选项，在【次序】下拉列表中选择【升序】选项，单击【选项】按钮，如图3-7所示。

图 3-7

② 弹出【排序选项】对话框，在【方法】区域勾选【笔划排序】单选框，连续单击【确定】按钮，如图3-8所示。

③ 返回工作表，此时工作表中的"姓名"列就按笔画进行了升序排列，如图3-9所示。

图 3-8

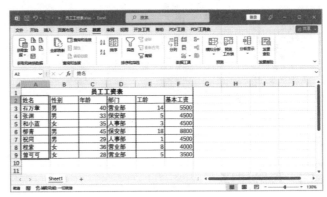

图 3-9

2.按单元格颜色排序

在工作中，对于一些比较特殊的数据，需要设置单元格背景颜色或字体颜色来进行特殊标注，与其他数据进行区分。在排序时，就可以按照单元格颜色或字体颜色进行排列。

按照单元格颜色排序的操作步骤如下：

① 打开工作表，将"工龄"列中超过5年的单元格设置成黄色，如图3-10所示。

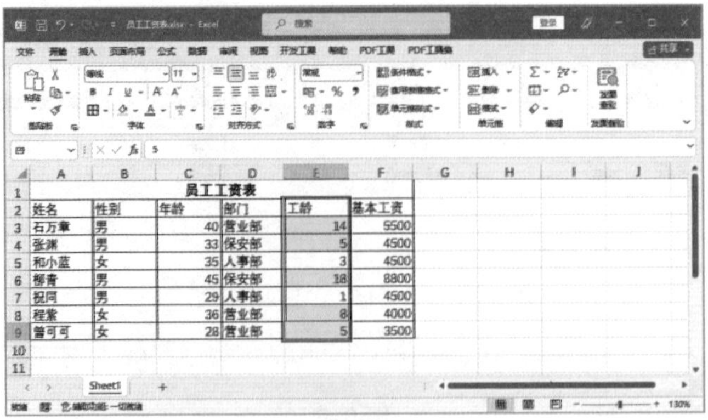

图 3-10

2️⃣ 选中表格中任意一个黄色单元格，单击鼠标右键，在弹出的快捷菜单中选择【排序】下的【将所选单元格颜色放在最前面】命令，如图3-11所示。

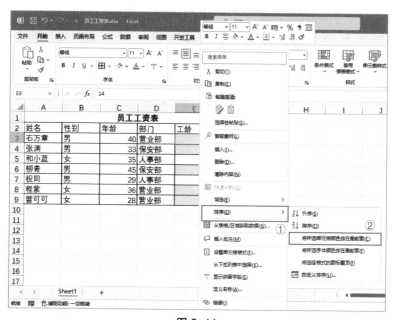

图 3-11

3️⃣ 应用效果如图3-12所示。

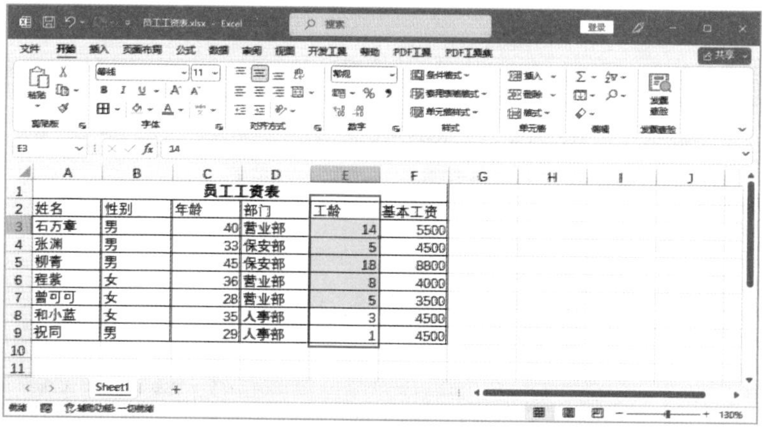

图 3-12

在工作中，还会时常遇到同一表格中同一列中用不同颜色标注的情况。这种情况可以按多种颜色进行排序。按照单元格多个颜色排序的操作步骤如下：

1 打开工作表，将"工龄"列中的不同工龄分别设置成不同的颜色，如图3-13所示。

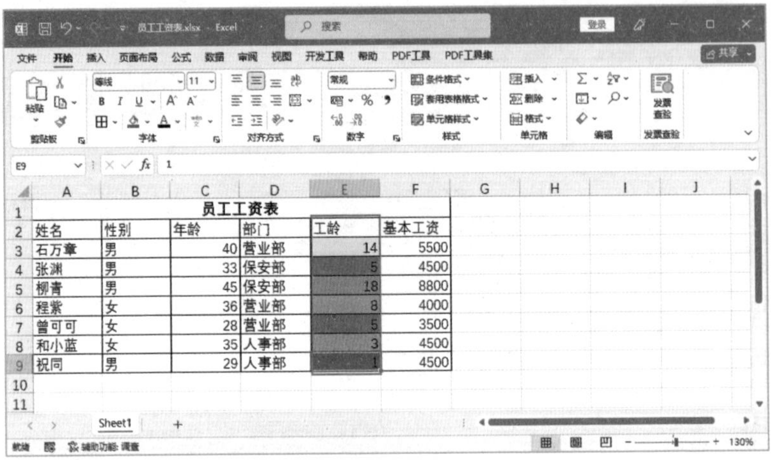

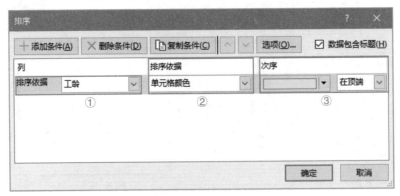

图 3-13

2 选择表格中任意一个单元格，在【数据】选项卡下的【排序和筛选】选项组中，单击【排序】按钮，弹出【排序】对话框，单击【排序依据】下拉列表中选择【工龄】选项，在【排序依据】下拉列表中选择【单元格颜色】，在【次序】下拉列表中选择【黄色】【在顶端】，如图3-14所示。

图 3-14

3 单击【复制条件】按钮，系统自动添加【次要关键字】，选择【橙色】【在顶端】，如图3-15所示。

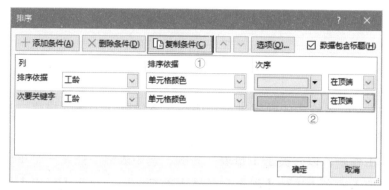

图 3-15

4 重复上述方法，分别选择【紫色】【绿色】【蓝色】【灰色】，【次序】
均选择【在顶端】，单击【确定】按钮，如图3-16所示。

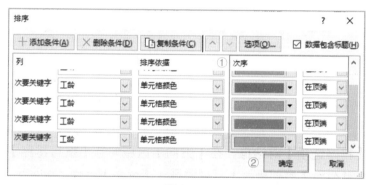

图 3-16

5 返回工作表，效果如图3-17所示。

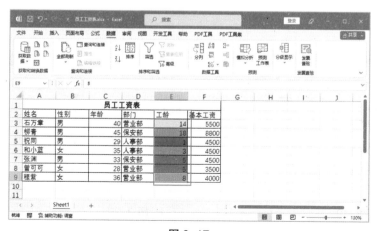

图 3-17

按照字体颜色排序的方法和按照单元格颜色排序是一样的，这里就不再赘述。

3.按行排序

在对 Excel 表格中的数据进行排序时，系统默认为按列排序，其实也可以根据需要按行排序，操作步骤如下：

1. 打开工作表，以"员工工资表"为例，选中表格中任意一个单元格，在【数据】选项卡下的【排序和筛选】选项组中，单击【排序】按钮，弹出【排序】对话框，单击【选项】按钮，如图3-18所示。

图 3-18

2. 弹出【排序选项】对话框，在【方向】区域勾选【按行排序】，在【方法】区域勾选【笔划排序】，然后单击【确定】按钮，如图3-19所示。

3. 返回【排序】对话框，在【排序依据】下拉列表中选择【行2】选项，在【次序】下拉列表中选择【升序】，单击【确定】按钮，如图3-20所示。

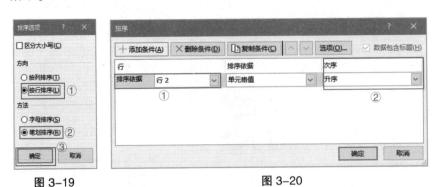

图 3-19　　　　　　　　　　图 3-20

4. 返回工作表，效果如图3-21所示。

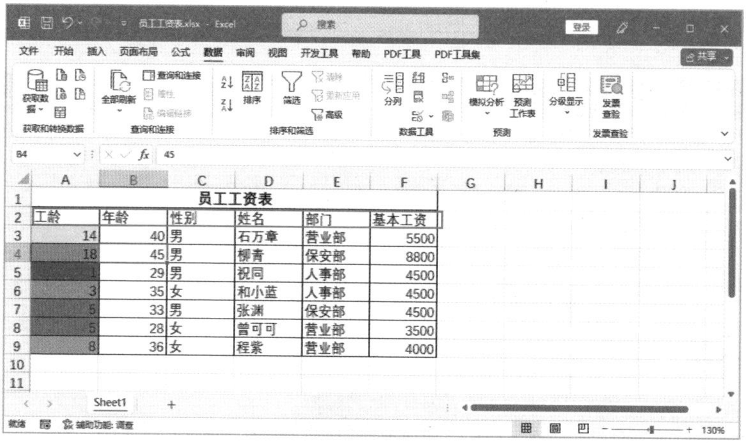

图 3-21

4.对数据列表中的某部分排序

我们在工作中，有时还会遇到对表格中的某一部分进行排序的情况。下面以"员工工资表"为例，对A5:F9单元格区域的数据按照"年龄"进行排序，操作步骤如下：

1　选中A5:F9单元格区域，在【数据】选项卡下的【排序和筛选】选项组中，单击【排序】按钮，弹出【排序】对话框，取消勾选右上角的【数据包含标题】复选框，在【排序依据】下拉列表中选择【列B】，【排序依据】选择【单元格值】，【次序】选择【升序】，单击【确定】按钮，如图3-22所示。

图 3-22

2 返回工作表，效果如图3-23所示。

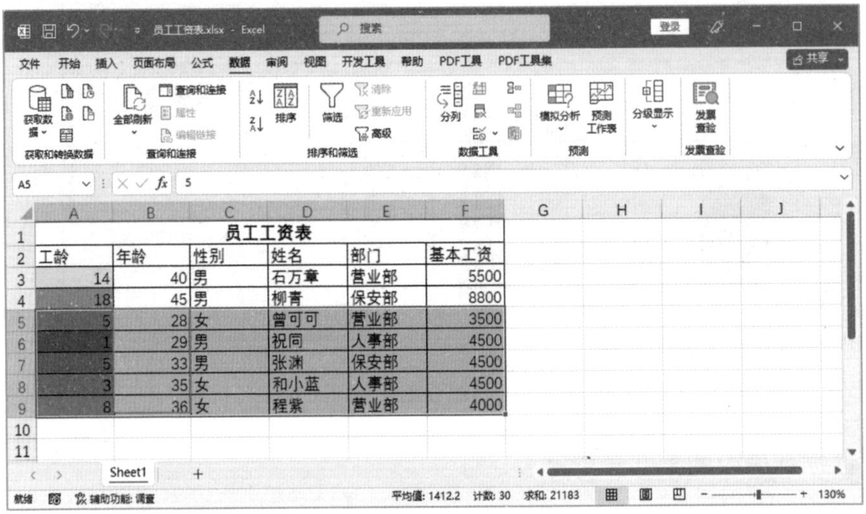

图 3-23

在对表格中的数据进行排序时，很多工作表第一列都是序号，对表格内的数据意义不大，所以可以将其保持不变，操作步骤如下：

1 打开工作表，选中B2:G9单元格区域，在【数据】选项卡下的【排序和筛选】选项组中，单击【排序】按钮，如图3-24所示。

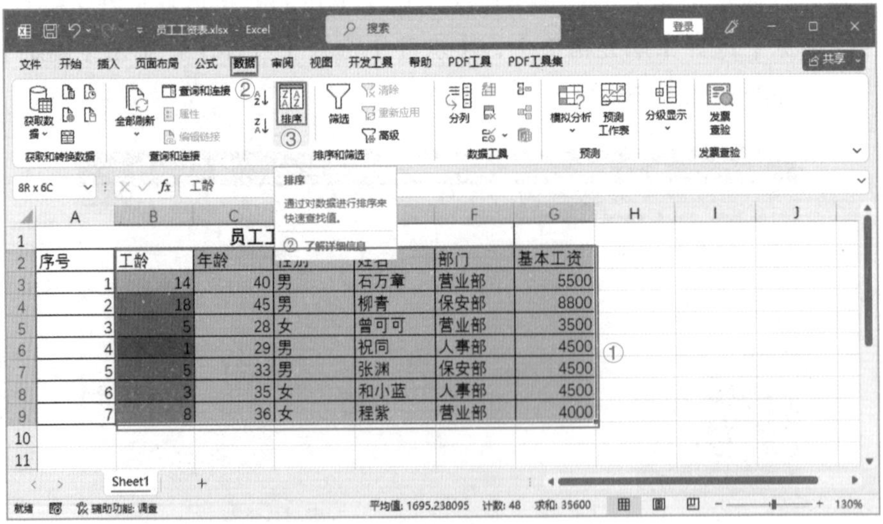

图 3-24

2 弹出【排序】对话框，先勾选右上角的【数据包含标题】复选框，在

【排序依据】下拉列表中选择【基本工资】，在【排序依据】下拉列表中选择【单元格值】，在【次序】下拉列表中选择【降序】，单击【确定】按钮，如图3-25所示。

图 3-25

3 返回工作表，效果如图3-26所示。

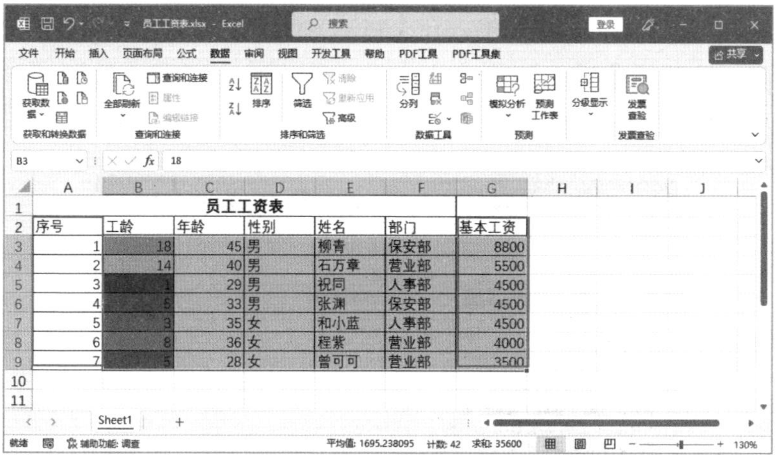

图 3-26

除了单字段排序和多字段排序，也可以根据需要进行自定义排序。以"员工工资表"为例，需要按照部门排序，顺序为"营业部""人事部""保安部"，且不按升序或降序排列，操作步骤如下：

1️⃣ 选中A2:G9单元格区域，在【数据】选项卡下的【排序和筛选】选项组中，单击【排序】按钮，弹出【排序】对话框，先勾选对话框右上角的【数据包含标题】复选框，然后在【排序依据】下拉列表中选择【部门】，在【排序依据】下拉列表中选择【单元格值】，在【次序】下拉列表中选择【自定义序列】，如图3-27所示。

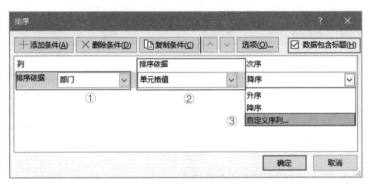

图 3-27

2️⃣ 弹出【自定义序列】对话框，在【自定义序列】列表框中选择【新序列】选项，然后在【输入序列】文本框中依次输入"营业部""人事部""保安部"，中间用英文状态的逗号隔开，如图3-28所示。

图 3-28

3️⃣ 单击【添加】按钮，在【自定义序列】列表框中就会显示新定义的序列，单击【确定】按钮，如图3-29所示。

图 3-29

4　返回【排序】对话框，此时【次序】中会自动选择新定义的序列，单击
　　【确定】按钮，如图3-30所示。

图 3-30

5　返回工作表，效果如图3-31所示。

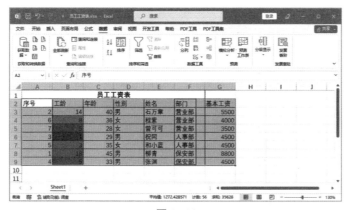

图 3-31

实用贴士

　　Excel默认的按笔画排序的规则是，按姓的笔画数进行排序，当笔画数相同时则按起笔，即横、竖、撇、捺、折的顺序排列；当笔画数和起笔都相同时，则按字形结构，即左右、上下、整体结构的顺序排列；当同姓时，则按姓名的第二个字、第三个字的笔画排序。

3.2 数据筛选

　　数据筛选是将表格中符合条件的数据快速查找并显示出来。筛选时会将不满足条件的数据暂时隐藏起来，只显示符合条件的数据。数据筛选有自动筛选、自定义筛选和高级筛选。

3.2.1 自动筛选

自动筛选的操作步骤如下：

1 打开工作表，以"员工工资表"为例，选中任意一个单元格区域，在【数据】选项卡下的【排序和筛选】选项组中，单击【筛选】按钮，如图3-32所示。

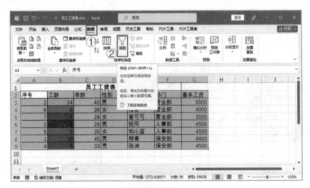

图3-32

2 　每个列标题单元格右侧都出现了一个下拉按钮，如图3-33所示。

图 3-33

3 　此时便可以对某一个字段进行筛选了，单击【工龄】右侧的下拉按钮，在下拉列表中取消勾选不想查看的数据，如【1】【3】【5】复选框，单击【确定】按钮，如图3-34所示。

4 　返回工作表，此时工作表就只显示工龄为"8""14""18"的人员信息，如图3-35所示。

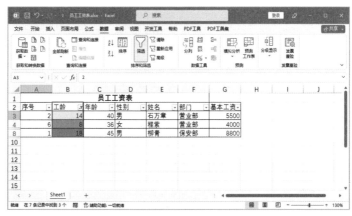

图 3-34　　　　　　　　　　　　　图 3-35

5 　如果想清除已经筛选的字段，恢复全部的信息，则需要单击【工龄】右侧的下拉按钮，在下拉列表中单击【从"工龄"中清除筛选器】选项即可，如图3-36所示。

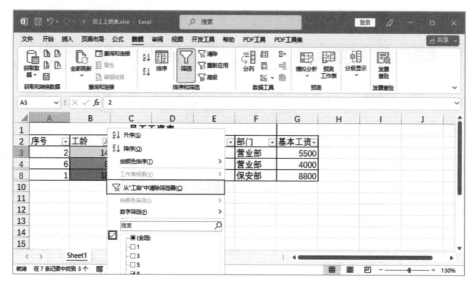

图 3-36

3.2.2 自定义筛选

自定义筛选可以根据不同需求筛选出满足条件的内容。筛选的格式不同，筛选的条件也就不同。筛选格式包括文本、数字、日期、颜色等。

1.按文本筛选

对文本型数据进行筛选时，其下拉列表中选项众多，不管选择哪一选项，都会弹出【自定义自动筛选】对话框，然后通过设置条件来完成自定义筛选。

按文本筛选，可以使用通配符进行筛选，但是筛选的条件中必须有共同的字符，操作步骤如下：

1 打开工作表，以"员工请假表"为例，选中任意一个单元格，在【数据】选项卡下的【排序和筛选】选项组中，单击【筛选】按钮，进入筛选状态。

2 单击【姓名】右侧的下拉按钮，从下拉列表中选择【文本筛选】下的任一选项，这里选择【自定义筛选】，如图3-37所示。

3 弹出【自定义自动筛选】对话框，在【等于】右侧的文本框中输入"刘*"文本，单击【确定】按钮，如图3-38所示。

图 3-37　　　　　　　　　　　　　　　图 3-38

4 返回工作表，所有姓刘的员工信息就被筛选出来了，如图3-39所示。

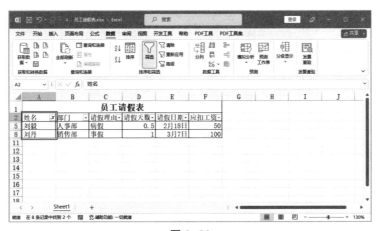

图 3-39

　　由于这个工作表中姓刘的员工的姓名都是两个字符，所以也可以在【等于】右侧的文本框中输入"刘？"文本。如果员工中有由三个字符组成的姓名，那就不能用"刘？"查找了。

2.按数字筛选

　　对数值型数据进行筛选时，其下拉列表中【数字筛选】下也有很多选项，如【等于】【不等于】【大于】【大于或等于】【小于】【小于或等于】【介于】【前

10项】【高于平均值】【低于平均值】和【自定义筛选】,其中【前10项】【高于平均值】和【低于平均值】可直接对数值型数据进行自动筛选,除了这三项,不管选择哪一选项,都会弹出【自定义自动筛选】对话框,然后通过设置条件来完成自定义筛选。

按【前10项】筛选的操作步骤如下:

1️⃣ 打开"员工请假表",选中任意一个单元格,在【数据】选项卡下的【排序和筛选】选项组中,单击【筛选】按钮,进入筛选状态。

2️⃣ 单击其中某一个字段,如【请假天数】右侧的下拉按钮,从下拉列表中选择【数字筛选】下的【前10项】选项,如图3-40所示。

图 3-40

3️⃣ 弹出【自动筛选前10个】对话框,将显示条件设置成"最大""3""项",单击【确定】按钮,如图3-41所示。

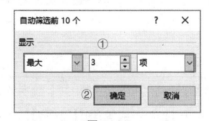

图 3-41

4 返回工作表，筛选效果如图3-42所示。

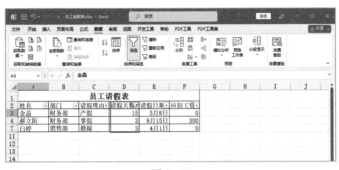

图 3-42

除了可以按【前 10 项】进行自动筛选，还可以按照【高于平均值】和【低于平均值】进行自动筛选，步骤与按【前 10 项】自动筛选方法基本相同，这里不再赘述。

按【自定义自动筛选】对话框筛选的操作步骤如下：

1 选中任意一个单元格，在【数据】选项卡下的【排序和筛选】选项组中，单击【筛选】按钮，进入筛选状态。单击【请假天数】右侧的下拉按钮，从下拉列表中选择【数字筛选】下的任一选项，这里选择【大于或等于】，如图3-43所示。

图 3-43

2 弹出【自定义自动筛选】对话框，在【大于或等于】右侧数值框中输入 "2"，单击【确定】按钮，如图3-44所示。

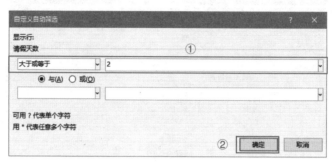

图 3-44

3 返回工作表，请假天数大于或等于2天的员工信息就被筛选出来了，如图3-45所示。

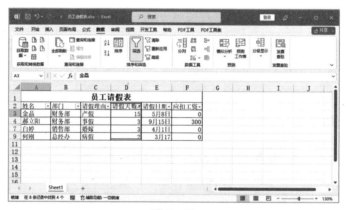

图 3-45

3.按日期筛选

对日期型数据字段进行筛选时，其下拉列表中【数字筛选】下也有很多选项，如【等于】【之前】【之后】【介于】和【明天】【下周】【下月】【下季度】【明年】【本年度截止到现在】【期间所有日期】，以及【自定义筛选】等，其中【等于】【之前】【之后】【介于】和【自定义筛选】这五项，不管选哪一项，都会弹出【自定义自动筛选】对话框，然后通过设置条件来完成自定义筛选。其他选项，可直接对相应数据进行自动筛选。这里将通过【自定义自动筛选】对话框来完成自定义筛选，操作步骤如下：

1　打开工作表，以"员工请假表"为例，选中任意一个单元格，按
　　【Ctrl+Shift+L】组合键，进入筛选状态，单击【请假日期】右侧的下
　　拉按钮，从下拉列表中选择【日期筛选】下的【介于】选项，如图3-46
　　所示。

图 3-46

2　弹出【自定义自动筛选】对话框，在【在以下日期之后或与之相同】右
　　侧文本框的下拉列表中选择【4月1日】，在【在以下日期之前或与之相
　　同】右侧文本框的下拉列表中选择【8月30日】，单击【确定】按钮，如
　　图3-47所示。

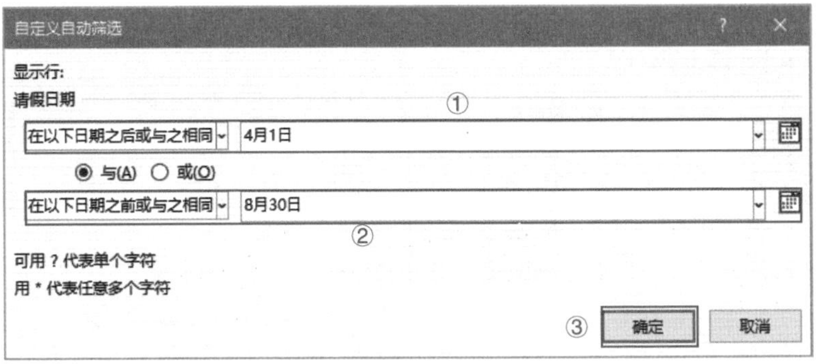

图 3-47

3 返回工作表，可见筛选出了所有满足条件的员工信息，如图3-48所示。

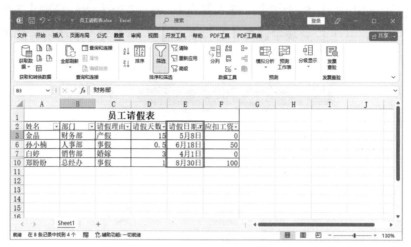

图 3-48

4.按颜色筛选

在 Excel 中，除了可以根据数据大小进行筛选，还可以根据单元格的颜色进行筛选。要想在众多数据中筛选出想要的颜色，可以直接使用自动筛选功能进行筛选，操作步骤如下：

1 打开工作表，以"员工请假表"为例，将"请假天数"列下的单元格设置成不同的颜色，选中任意一个单元格，按【Ctrl+Shift+L】组合键，进入筛选状态，如图3-49所示。

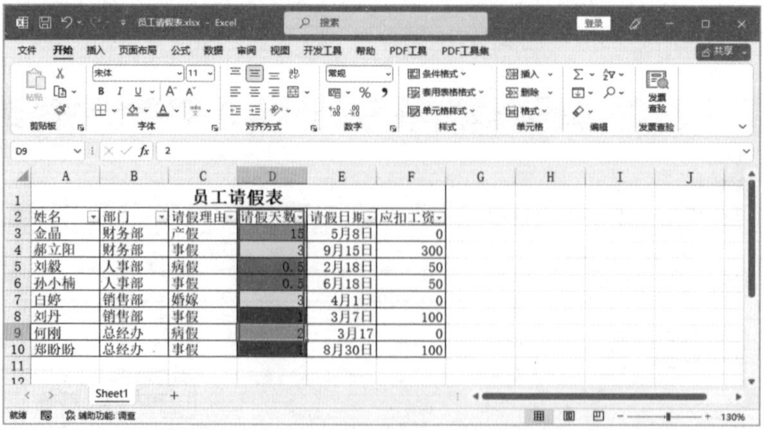

图 3-49

2　单击【请假天数】右侧的下拉按钮，从下拉列表中选择【按颜色筛选】
选项，在列表中选择【橙色】，如图3-50所示。

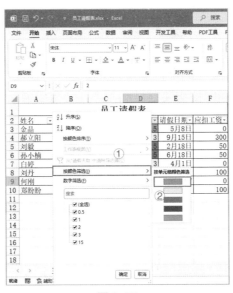

图 3-50

3　返回工作表，按【橙色】筛选结果如图3-51所示。

图 3-51

3.2.3　高级筛选

　　自动筛选一般用于简单的条件筛选，高级筛选一般用于条件比较复杂，
即多条件的筛选。在进行高级筛选时，需要设置筛选条件，主要遵循两个规

则：第一，条件区域的首行必须是标题行，而且标题名必须与数据列表中的标题名一致；第二，条件区域标题行下方的筛选条件值在同一行的，表明条件之间是"与"关系，不在同一行的，表明条件之间是"或"关系。

1.两列之间使用"与"关系

高级筛选中的"与"关系，表示筛选出满足全部条件的数据。以"员工请假表"为例，筛选出"请假天数"为"1"且"请假理由"为"事假"的数据，操作步骤如下：

1 首先设置筛选条件，如在A12:B13单元格区域输入筛选条件，即"请假天数"为"1"且"请假理由"为"事假"，如图3-52所示。

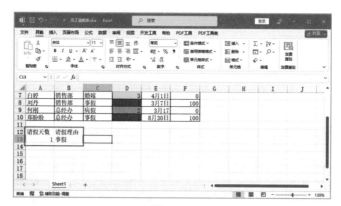

图 3-52

2 选中数据列表中任意一个单元格，单击【数据】选项卡下【排序和筛选】选项组中的【高级】按钮，如图3-53所示。

图 3-53

3　弹出【高级筛选】对话框，勾选【将筛选结果复制到其他位置】，然后单击【列表区域】右侧折叠按钮，在工作表中选择A2:F10单元格区域，再次单击折叠按钮，单击【条件区域】右侧折叠按钮，在工作表中选择条件区域A12:B13单元格区域，再次单击折叠按钮，单击【复制到】右侧折叠按钮，在工作表中选择放置筛选结果的A15:F15单元格区域，单击【确定】按钮，如图3-54所示。

图 3-54

4　返回工作表，筛选结果如图3-55所示。

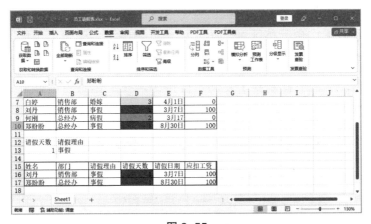

图 3-55

在【高级筛选】对话框，勾选【将筛选结果复制到其他位置】，使筛选结果显示在新的位置，有利于数据的对比。也可以勾选【在原有区域显示筛选结果】，这样筛选结果就会显示在原数据表格中，不符合条件的数据被隐藏起来了。

2.两列之间使用"或"关系

高级筛选中的"或"关系，表示只需要满足多条件中的任意条件即可。以"员工请假表"为例，筛选出"部门"为"总经办"或"请假理由"为"产假"的数据，操作步骤如下：

1️⃣ 在A12:B14单元格区域输入筛选条件，"部门"为"总经办"或"请假理由"为"产假"，如图3-56所示。

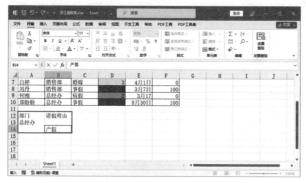

图 3-56

2️⃣ 选中数据列表中任意一个单元格，单击【数据】选项卡下【排序和筛选】选项组中的【高级】按钮，弹出【高级筛选】对话框，勾选【将筛选结果复制到其他位置】，然后单击【列表区域】右侧折叠按钮，在工作表中选择A2:F10单元格区域，再次单击折叠按钮，单击【条件区域】右侧折叠按钮，在工作表中选择条件区域A12:B14单元格区域，再次单击折叠按钮，单击【复制到】右侧折叠按钮，在工作表中选择放置筛选结果的A16:F16单元格区域，单击【确定】按钮，如图3-57所示。

图 3-57

3 　返回工作表，筛选结果如图3-58所示。

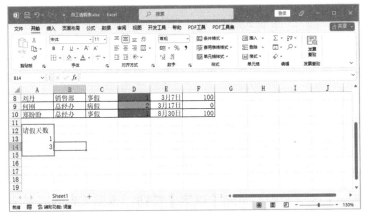

图 3-58

3.一列中使用多个"或"关系

上面讲的是两列之间使用"与"关系或"或"关系，也可以在同一列使用多个"或"关系。由于筛选条件值不在同一行表示"或"关系，因此同一列不能使用"与"关系。

同一列使用多个"或"关系的方法步骤与两列之间使用"或"关系基本一致，操作步骤如下：

1 　打开工作表，以"员工请假表"为例，在A12:A14单元格区域输入筛选条件，"请假天数"为"1"或"3"，如图3-59所示。

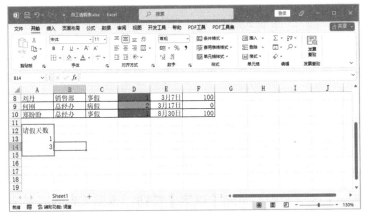

图 3-59

2 选中数据列表中任意一个单元格,单击【数据】选项卡下【排序和筛选】
选项组中的【高级】按钮,弹出【高级筛选】对话框,勾选【将筛选
结果复制到其他位置】,然后分别设置【列表区域】【条件区域】和
【复制到】区域范围,单击【确定】按钮,返回工作表,结果如图3-60
所示。

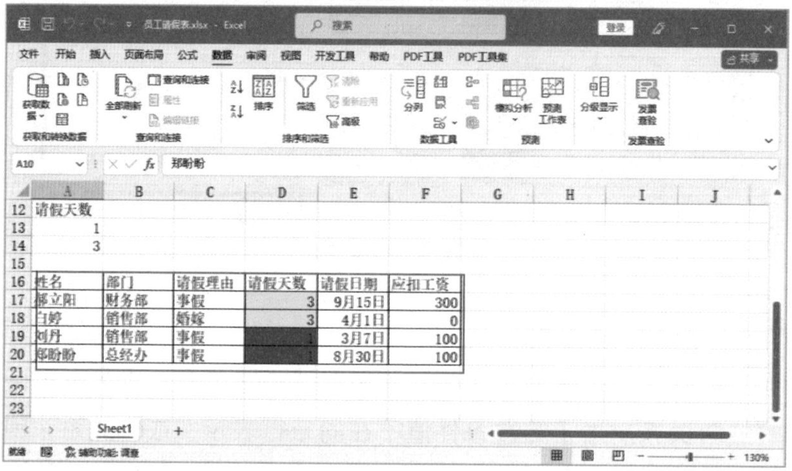

图 3-60

4.同时使用"与"关系和"或"关系

在工作中,有时会遇到需要同时使用"与"关系和"或"关系的情况。
如将"请假理由"为"事假""请假天数"为"1""部门"为"销售部",或
者"请假理由"为"病假""请假天数"为"2""部门"为"总经办",或者"请
假理由"为"产假""请假天数"为"15""部门"为"财务部"的数据筛选
出来,操作步骤如下:

1 打开工作表,以"员工请假表"为例,在A12:C15单元格区域输入筛选
条件,如图3-61所示。

2 选中数据列表中任意一个单元格,单击【数据】选项卡下【排序和筛选】
选项组中的【高级】按钮,弹出【高级筛选】对话框,勾选【将筛选
结果复制到其他位置】,然后分别设置【列表区域】【条件区域】和
【复制到】区域范围,单击【确定】按钮,返回工作表,结果如图3-62
所示。

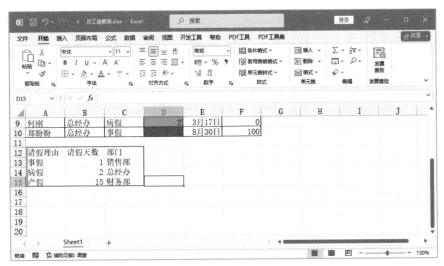

图 3-61

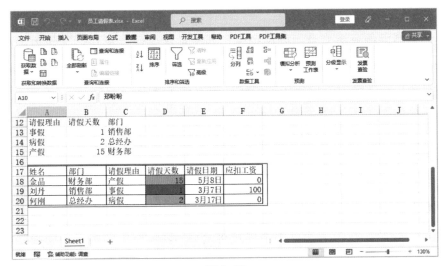

图 3-62

一些应用了表格样式的工作表，标题行都有会下拉的筛选按钮。很多用户为了让表格更整洁，想把这些下拉按钮取消，但又不想让列表变成普通的区域表格，这时候就可以选择任意一个单元格，在【数据】选项卡下单击激活状态的【筛选】按钮，下拉的筛选按钮就取消了。

3.3 数据分类汇总

在日常工作中，经常需要对数据进行汇总分析，这时就要用到 Excel 数据分析的重要功能之一——分类汇总。分类汇总是数据分析中的常用操作，是在工作表中按照指定分类字段分类后进行的数值汇总统计。汇总统计主要包括求和、求最大值、求最小值、求平均值、求乘积、求标准差、求方差等运算方式。系统默认汇总统计方式为求和汇总。

3.3.1 分类汇总的基础

1.分类汇总的准备

如果要进行分类汇总，就必须满足两个前提条件：第一，工作表中必须包含列标题；第二，数据必须按照进行分类汇总的数据列升序或降序排列，因为系统只允许指定已排序的列标题作为汇总关键字。

2.分类汇总的要素

在进行分类汇总时，工作表中必须包含分类字段、汇总方式和选定汇总项三个基本要素，否则就无法实现分类汇总操作。

◆分类字段：分类字段是指对数据类型进行区分的列单元格。在【分类汇总】对话框中，【分类字段】下拉列表中包括数据表中的所有列标题。

◆汇总方式：汇总方式是指对不同类别的数据进行汇总计算的列。在【分类汇总】对话框中，【汇总方式】下拉列表中包括所有的数据汇总方式，如计算、求和、求平均值等。

◆选定汇总项：汇总项是指要参与汇总的项目，通常选择有数据的项，因为文本型数据汇总后看不出效果。在【分类汇总】对话框中，【选定汇总项】列表框包含工作表的全部字段。需要注意的是，所选的汇总项必须要和汇总方式的数据类型相一致，否则无法实现分类汇总操作。

3.分类汇总结果的保存

对工作表中的数据进行分类汇总后，汇总的结果主要有三种保存方式，分别是替换当前分类汇总、每组数据分页和汇总结果显示在数据下方。

◆替换当前分类汇总：最后一次分类汇总结果，取代前一次的分类汇总结果。

◆每组数据分页：可按分类汇总自动进行分页显示。

◆汇总结果显示在数据下方：分类汇总行位于原数据表明细行的下面。

3.3.2　创建分类汇总

1.简单分类汇总

对于数据量比较小的工作表，可以使用简单的分类汇总功能。当插入分类汇总后，Excel 将分级显示列表，以便为每个分类汇总显示和隐藏明细数据行。依然以"员工请假表"为例，按部门统计各员工的应扣工资，操作步骤如下：

1️⃣ 选中"部门"列的任意一个单元格，在【数据】选项卡下的【排序和筛选】选项组中，单击【排序】按钮，弹出【排序】对话框，在【排序依据】下拉列表中选择【部门】选项，在【次序】下拉列表中选择【升序】选项，单击【确定】按钮，如图3-63所示。

图 3-63

2️⃣ 返回工作表，"部门"列进行了升序排序，单击【数据】选项卡下的【分级显示】选项组中的【分类汇总】按钮，如图3-64所示。

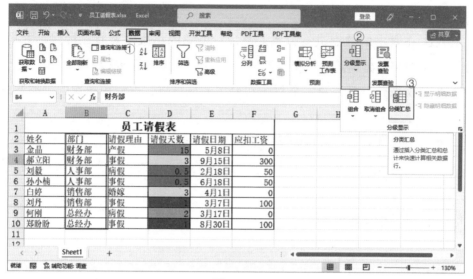

图 3-64

3   弹出【分类汇总】对话框，在【分类字段】下拉列表中选择【部门】选项，在【汇总方式】下拉列表中选择【求和】选项，在【选定汇总项】列表框中勾选【应扣工资】复选框，单击【确定】按钮即可，如图3-65所示。

4   返回工作表，汇总结果如图3-66所示。

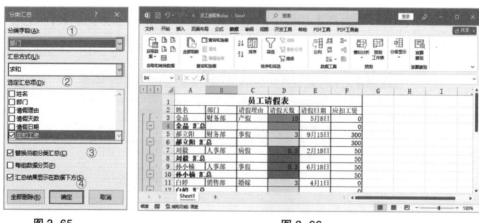

图 3-65   图 3-66

2.嵌套分类汇总

嵌套分类汇总是在分类汇总的基础上再对某字段进行分类汇总，共需要两次分类汇总。以"员工请假表"为例，先按照"部门"对"应扣工资"进行分类汇总，再按照"请假理由"对"应扣工资"进行分类汇总，操作步骤如下：

1 选中数据区域的任意一个单元格，在【数据】选项卡下的【排序和筛选】选项组中，单击【排序】按钮，弹出【排序】对话框，在【排序依据】下拉列表中选择【部门】选项，单击【添加条件】按钮，在【次要关键字】下拉列表中选择【请假理由】选项，【排序依据】和【次序】均分别设置为【单元格值】和【升序】，单击【确定】按钮，如图3-67所示。

图 3-67

2 返回工作表，选中数据区域的任意一个单元格，单击【数据】选项卡下的【分级显示】选项组中的【分类汇总】按钮，弹出【分类汇总】对话框，在【分类字段】下拉列表中选择【部门】选项，在【汇总方式】下拉列表中选择【求和】选项，在【选定汇总项】列表框中勾选【应扣工资】复选框，单击【确定】按钮，如图3-68所示。

图 3-68

3　返回工作表，可以看到工作表中的数据按照不同部门对"应扣工资"进行了汇总，如图3-69所示。

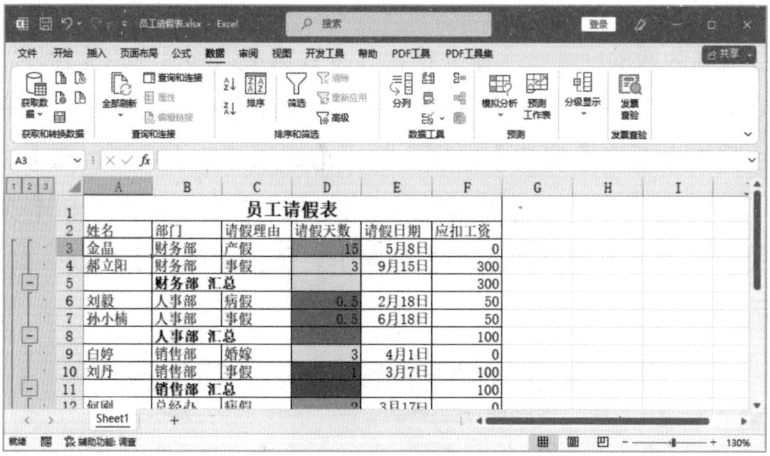

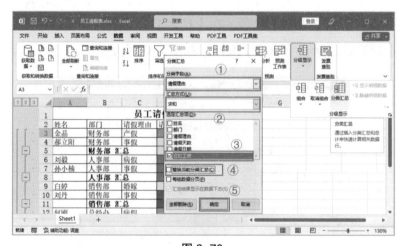

图 3-69

4　再次选中数据区域的任意一个单元格，单击【数据】选项卡下的【分级显示】选项组中的【分类汇总】按钮，弹出【分类汇总】对话框，在【分类字段】下拉列表中选择【请假理由】选项，在【汇总方式】下拉列表中选择【求和】选项，在【选定汇总项】列表框中勾选【应扣工资】复选框，最后取消勾选【替换当前分类汇总】复选框，单击【确定】按钮，如图3-70所示。

图 3-70

5 返回工作表，可以看到同一部门按照不同请假理由对"应扣工资"进行了汇总，如图3-71所示。

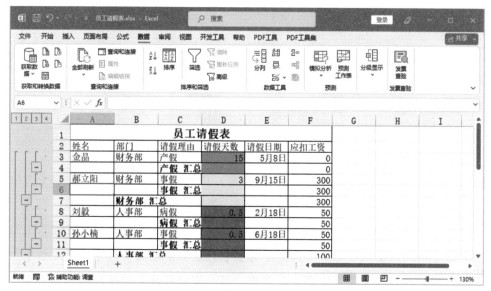

图 3-71

3.多重分类汇总

当遇到复杂的数据时，可以设置两个或多个字段进行分类汇总，并且不覆盖之前的分类汇总结果。以"员工工资表"为例，先按"部门"对"基本工资"进行汇总，再按"工龄"对"实发工资"进行"求平均值"汇总。

对"部门"和"工龄"升序排列步骤参考"嵌套分类汇总"，这里不再赘述。
对已排好序的"部门"和"工龄"列进行如上条件分类汇总的操作步骤如下：

1 选中数据区域的任意一个单元格，单击【数据】选项卡下的【分级显示】选项组中的【分类汇总】按钮，弹出【分类汇总】对话框，在【分类字段】下拉列表中选择【部门】选项，在【汇总方式】下拉列表中选择【求和】选项，在【选定汇总项】列表框中勾选【基本工资】复选框，单击【确定】按钮，如图3-72所示。

2 返回工作表，可以看到工作表中的数据按照不同部门对"基本工资"进行了汇总，如图3-73所示。

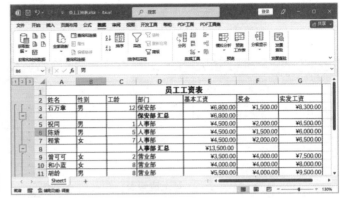

图 3-72　　　　　　　　　　　　　　　图 3-73

3　再次选中数据区域的任意一个单元格，单击【数据】选项卡下的【分级显示】选项组中的【分类汇总】按钮，弹出【分类汇总】对话框，在【分类字段】下拉列表中选择【工龄】选项，在【汇总方式】下拉列表中选择【平均值】选项，在【选定汇总项】列表框中取消勾选【基本工资】复选框，再勾选【实发工资】复选框，最后取消勾选【替换当前分类汇总】复选框，单击【确定】按钮，如图3-74所示。

4　返回工作表，可以看到同一部门按照不同工龄对基本工资进行了汇总，对实发工资进行了【平均值】汇总，如图3-75所示。

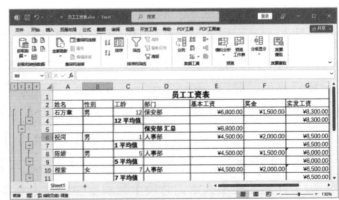

图 3-74　　　　　　　　　　　　　　　图 3-75

3.3.3　隐藏或显示分级显示

在对工作表中的数据进行分类汇总之后，系统会对【分类字段】以组的方式创建一个级别。这时便可以使用系统提供的分级显示按钮【－】和【＋】，隐藏或显示汇总后的数据信息，以便更加清晰地查看所需要的数据。可以通过下面两种方法实现这一操作，以如图3-75所示的分类汇总结果为例。

直接单击数据清单的行号左侧的分级显示按钮来分级隐藏或显示明细数据，操作步骤如下：

1️⃣ 单击左侧的分级显示按钮【－】，如图3-76所示。

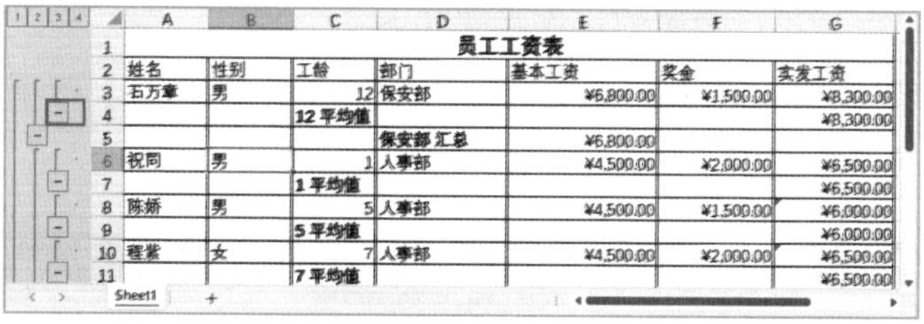

图 3-76

2️⃣ 此时这一分级组的明细数据就被隐藏起来了，分级显示按钮【－】相应变成了【＋】，如图3-77所示。

图 3-77

3️⃣ 在分级显示按钮【－】上方有一行4级数值按钮【1】【2】【3】【4】，单击数值按钮【3】，在数据区域就会只显示前3级分类汇总的结果，如图3-78所示。

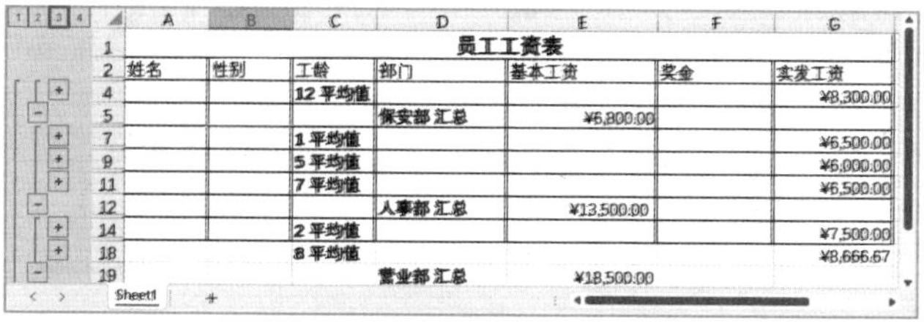

图 3-78

4️⃣ 单击数值按钮【4】，便可重新显示出明细数据，如图3-79所示。

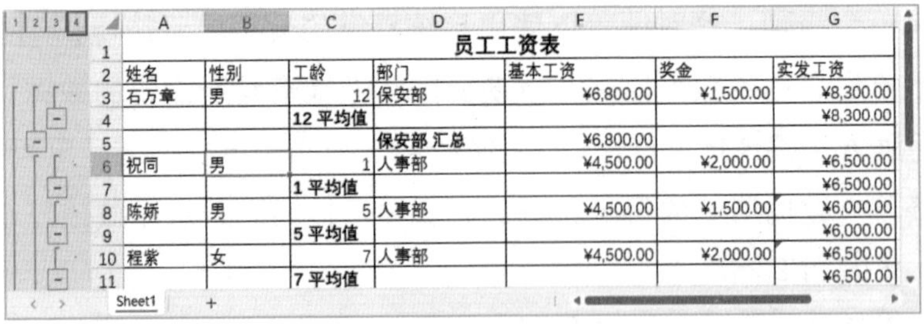

	A	B	C	D	E	F	G
1	员工工资表						
2	姓名	性别	工龄	部门	基本工资	奖金	实发工资
3	石万章	男	12	保安部	¥6,800.00	¥1,500.00	¥8,300.00
4			12 平均值				¥8,300.00
5				保安部 汇总	¥6,800.00		
6	祝同	男	1	人事部	¥4,500.00	¥2,000.00	¥6,500.00
7			1 平均值				¥6,500.00
8	陈娇	男	5	人事部	¥4,500.00	¥1,500.00	¥6,000.00
9			5 平均值				¥6,000.00
10	程紫	女	7	人事部	¥4,500.00	¥2,000.00	¥6,500.00
11			7 平均值				¥6,500.00

图 3–79

使用功能区域进行设置的操作步骤如下：

1. 选中A8单元格，在【数据】选项卡下的【分级显示】选项组中，单击【隐藏明细数据】按钮，如图3–80所示。

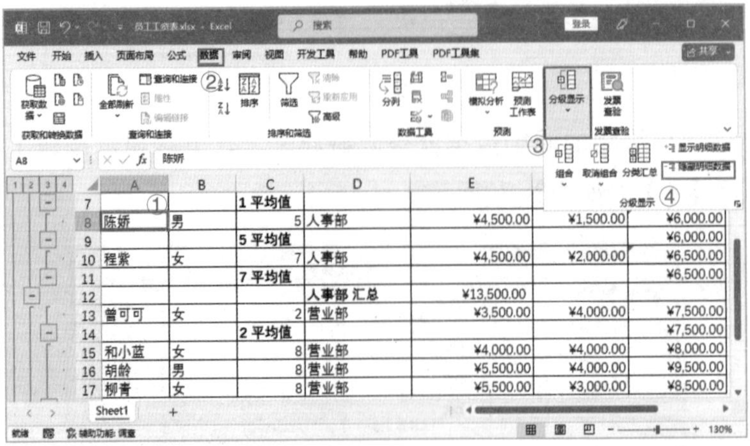

	A	B	C	D	E	F	G
7			1 平均值				
8	陈娇	男	5	人事部	¥4,500.00	¥1,500.00	¥6,000.00
9			5 平均值				¥6,000.00
10	程紫	女	7	人事部	¥4,500.00	¥2,000.00	¥6,500.00
11			7 平均值				¥6,500.00
12				人事部 汇总	¥13,500.00		
13	曾可可	女	2	营业部	¥3,500.00	¥4,000.00	¥7,500.00
14			2 平均值				¥7,500.00
15	和小蓝	女	8	营业部	¥4,000.00	¥4,000.00	¥8,000.00
16	胡龄	男	8	营业部	¥5,500.00	¥4,000.00	¥9,500.00
17	柳青	女	8	营业部	¥5,500.00	¥3,000.00	¥8,500.00

图 3–80

2. 此时这一组的明细数据便隐藏起来了，分级显示按钮【–】相应变成了【+】，如图3–81所示。

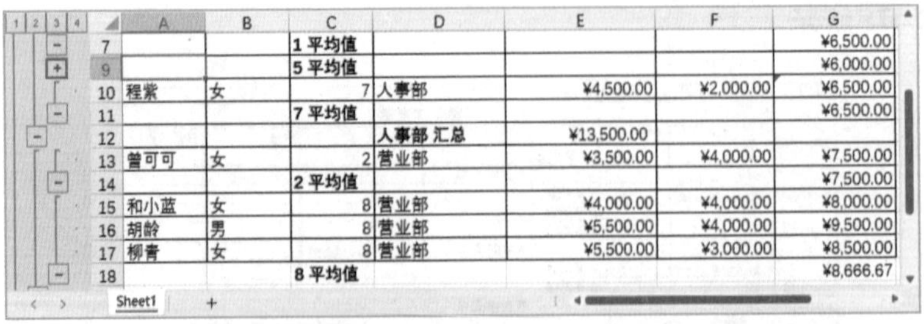

	A	B	C	D	E	F	G
7			1 平均值				¥6,500.00
9			5 平均值				¥6,000.00
10	程紫	女	7	人事部	¥4,500.00	¥2,000.00	¥6,500.00
11			7 平均值				¥6,500.00
12				人事部 汇总	¥13,500.00		
13	曾可可	女	2	营业部	¥3,500.00	¥4,000.00	¥7,500.00
14			2 平均值				¥7,500.00
15	和小蓝	女	8	营业部	¥4,000.00	¥4,000.00	¥8,000.00
16	胡龄	男	8	营业部	¥5,500.00	¥4,000.00	¥9,500.00
17	柳青	女	8	营业部	¥5,500.00	¥3,000.00	¥8,500.00
18			8 平均值				¥8,666.67

图 3–81

3. 单击【分级显示】选项组中的【显示明细数据】按钮，隐藏的明细数

据又会显示出来，分级显示按钮【＋】相应变成了【－】，如图3-82
所示。

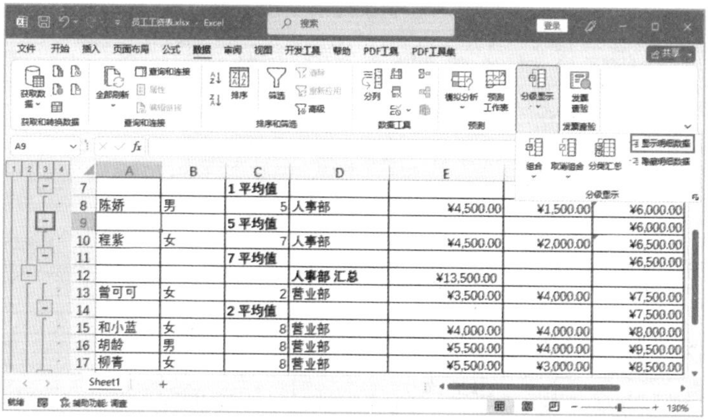

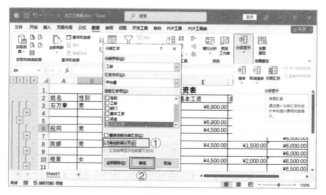

图 3-82

3.3.4　分页显示分类汇总

分页显示分类汇总是将分类汇总的每一组数据单独显示在每一页，便于
以页的方式打印每一组数据。以"员工工资表"的分类汇总结果为例，进行
分页显示分类汇总的操作步骤如下：

1　在【数据】选项卡下的【分级显示】选项组中，单击【分类汇总】按钮，
　　弹出【分类汇总】对话框，勾选【每组数据分页】复选框，单击【确定】
　　按钮，如图3-83所示。

图 3-83

2 单击【页面布局】选项卡下的【页面设置】选项组中右下角的对话框启动器，如图3-84所示。

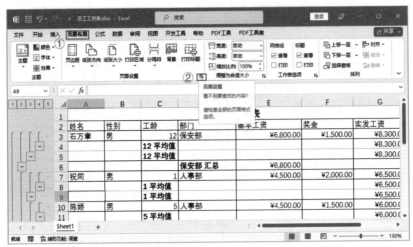

图 3-84

3 弹出【页面设置】对话框，在【工作表】选项卡中单击【顶端标题行】右侧的折叠按钮，如图3-85所示。

图 3-85

4 返回工作表，选中标题行，再单击【页面设置-顶端标题行】文本框右侧的展开按钮，如图3-86所示。

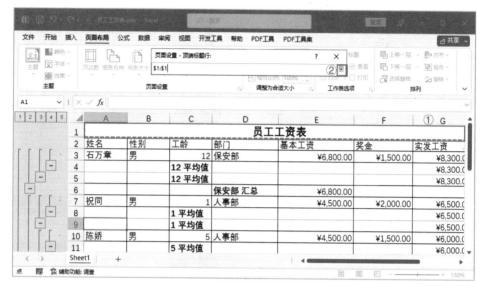

图 3-86

⑤ 返回【页面设置】对话框，单击【确定】按钮，如图3-87所示。

图 3-87

⑥ 返回工作表，执行【文件】选项中的【打印】命令，在右侧打印预览区
域便可看到各部门信息分别在不同页面显示，而且每页都显示工作表标
题行，如图3-88所示。

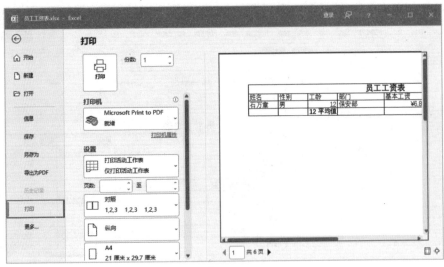

图 3-88

3.3.5 清除分类汇总状态

在创建分类汇总后，如果想要恢复原始数据表，可直接使用撤销操作来取消分类汇总。但是如果在创建分类汇总后又进行了其他操作，这时就无法使用撤销操作，而是需要清除分类汇总状态了，其操作步骤如下：

1️⃣ 单击【数据】选项卡下的【分级显示】选项组中的【分类汇总】按钮。

2️⃣ 弹出【分类汇总】对话框，单击【全部删除】按钮，即可清除当前工作表中的分类汇总状态。

实用贴士

在使用 Excel 进行数据汇总等操作时，如果金额过大，使用"万元"来显示金额会显得直观明了。我们先选择单元格区域，按【Ctrl+1】组合键，弹出【设置单元格格式】对话框，单击【数字】选项卡，在【分类】列表框中选择【自定义】选项，在【类型】中输入"0！.0000万元"，此时选中区域的金额就会变成以"万元"为单位显示了。

Chapter

04

第 4 章
公式应用基础

公式与函数是Excel最核心、最重要的功能，用户进行数据计算、分析时，必须用到公式与函数。其中，公式是以等号"="开头的表达式，即用数据运算符来处理文本、数值、函数等，来求得运算结果。

学习要点：★认识公式

★掌握输入公式和编辑公式的方法

★掌握引用单元格的方法

★掌握公式审核与公式求值的方法

4.1 认识公式

我们要对数据进行处理和分析，就有必要掌握公式。而要掌握公式，首先要对公式有一个基本的了解。

4.1.1 公式的构成

公式通常包括以下五种元素中的部分或全部内容。

◆运算符：运算符是公式的基本元素，也是公式中各个参数对象之间的纽带。运算符的样式，决定着公式中各数据之间的运算类型，不同的运算符进行不同的运算。

◆常量数值：常量数值是公式中的各类数据，如数字、文本、日期等。

◆括号：公式中各个表达式的计算顺序，是由括号控制着的。

◆单元格引用：表示在工作表中的坐标，方便引用其中的数据，可以是单个的单元格，也可以是单元格区域。

◆函数：函数是 Excel 预先编写好的公式，种类较多，如数学与三角函数、文本函数、逻辑函数、统计函数、查找与引用函数、日期和时间函数等。

4.1.2 运算符

运算符决定着公式数据的计算类型，大体上可分为五类：引用运算符、算术运算符、文本运算符、比较运算符和括号运算符。

◆引用运算符：引用运算符用于单元格之间的引用，包括冒号（范围运算符）、逗号（联合运算符）和空格（交集运算符）。引用运算符主要是对单元格进行导向操作，常见的有范围引用、联合引用等。

◆算术运算符：Excel 公式的最常见的运算方式是算术运算，即运用加、减、乘、除等来进行的数学计算，也是使用频率最高的 Excel 公式算术运算符。在 Excel 中常用的算术运算符有六个，即加号（ + ）、减号（ – ）、乘号（ * ）、除号（ / ）、百分号（ % ）和求幂（ ^ ）。

◆文本运算符：文本运算符只有一个，就是"&"，这个符号除了能连接一个或多个文本字符串产生一个大的文本，还能连接数字。

◆比较运算符：对两个值的大小进行比较时，需要用到比较运算，常用比较运算符为"大于""小于""等于"，其结果为逻辑值 TRUE 或 FALSE。Excel 中常用的比较运算符有六个：等于号（=）、大于号（>）、小于号（<）、大于或等于号（>=）、小于或等于号（<=）和不等于号（<>）。

◆括号运算符：进行运算时，系统会优先计算括号运算符中的数据，得到结果之后再和其他数据进行计算。常用的括号运算符有三个：小括号 ()、中括号 []、大括号 {}。

4.1.3 公式的计算顺序

运算符的优先级，影响着公式的计算顺序，"指挥"公式先计算哪一部分，后计算哪一部分。同一个公式中包括多个运算符时，其计算将按表 4-1 所示的次序进行。

表 4-1

优先顺序	运算符	说明
1	:	引用运算符
2	（空格）	
3	,	
4	–	负号
5	%	百分比
6	^	乘幂
7	* 和 /	乘和除
8	+ 和 –	加和减
9	&	文本运算符
10	=><>=<=<>	比较运算符

如果一个公式中的多个运算符恰好有着相同的优先顺序，那么系统将按照从左到右的顺序进行计算。

如果公式中含有括号运算符，那么系统会先计算括号内的表达式，因为括号在公式中有着最高的优先级。所以，想要更改优先级顺序，可以在公式中添加括号。

实用贴士

当我们用唯一的文本运算符"&"连接数字时，数字两边的引号可以省略；但是用"&"连接字母、字符串和文本时，引号就不可以省略了，否则就会出现公式返回错误的情况。

4.2 输入公式和编辑公式

输入公式时，既可以在单元格中输入，也可以在编辑栏中输入，计算大量同类数据时则可以复制公式。编辑公式则主要是对公式进行修改、显示与隐藏等。

4.2.1 输入公式

输入公式时，先输入"="，再输入运算项和运算符，输入完毕后按【Enter】键即可，操作步骤如下：

1 打开工作表，以"各部门工资表"为例，选中需要输入公式的单元格，这里选择G3单元格，如图4-1所示。

图 4-1

2 在单元格或编辑栏中输入“=E3+F3”，如图4-2所示。

	各部门工资表					
姓名	出生年月	部门	工龄	基本工资	奖金	实发工资
符华	1990年6月	客服部	6	¥6,000.00	¥3,000.00	=E3+F3
康广斌	1986年7月	客服部	7	¥6,000.00	¥3,000.00	
林枫	1993年1月	创意部	4	¥8,000.00	¥1,000.00	
林钰	1992年9月	客服部	3	¥6,000.00	¥2,000.00	
庞佳玉	1989年3月	客服部	8	¥6,000.00	¥3,000.00	
张玲玲	1994年12月	客服部	2	¥6,000.00	¥2,000.00	
张帅	1985年6月	创意部	10	¥8,500.00	¥1,500.00	
郑紫嫣	1998年12月	创意部	1	¥8,000.00	¥500.00	
朱超武	1979年11月	创意部	20	¥10,000.00	¥5,000.00	

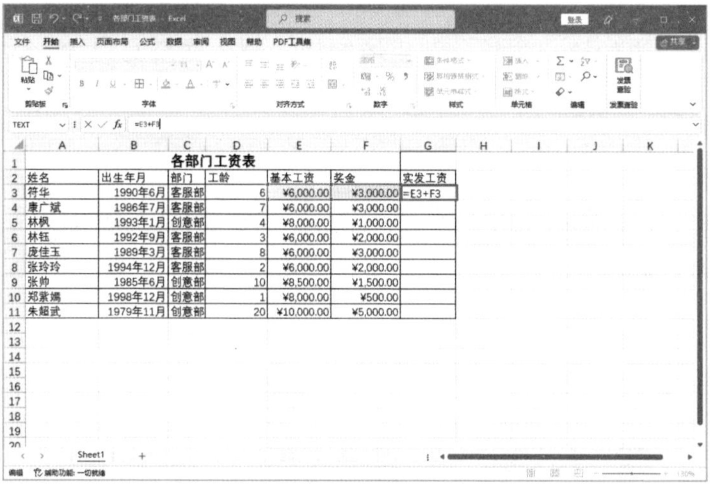

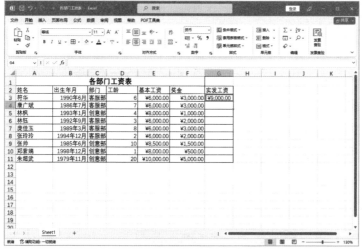

图 4-2

3 按【Enter】键，在G3单元格中就会显示结果，如图4-3所示。

	各部门工资表					
姓名	出生年月	部门	工龄	基本工资	奖金	实发工资
符华	1990年6月	客服部	6	¥6,000.00	¥3,000.00	¥9,000.00
康广斌	1986年7月	客服部	7	¥6,000.00	¥3,000.00	
林枫	1993年1月	创意部	4	¥8,000.00	¥1,000.00	
林钰	1992年9月	客服部	3	¥6,000.00	¥2,000.00	
庞佳玉	1989年3月	客服部	8	¥6,000.00	¥3,000.00	
张玲玲	1994年12月	客服部	2	¥6,000.00	¥2,000.00	
张帅	1985年6月	创意部	10	¥8,500.00	¥1,500.00	
郑紫嫣	1998年12月	创意部	1	¥8,000.00	¥500.00	
朱超武	1979年11月	创意部	20	¥10,000.00	¥5,000.00	

图 4-3

4.2.2 复制公式

复制公式是计算同类数据最快的方法。当需要计算大量同类数据时，可以复制公式，这样就能省去手动输入公式的操作，大大提高工作效率。复制公式的操作步骤如下：

打开工作表，以"各部门工资表"为例，选中包含公式的 G3 单元格，按照第 2 章所讲的填充方法，利用控制柄复制公式至 G11 单元格，所选的 G4:G11 单元格区域便含有了相同的公式，并计算出了相应的结果，如图 4-4 所示。

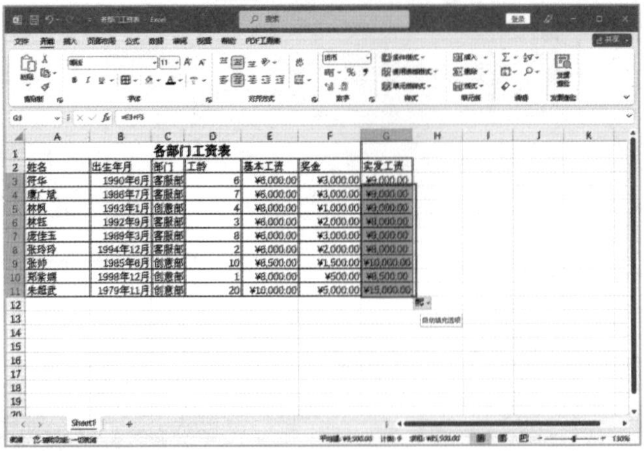

图 4-4

另外，也可以直接使用快捷键进行复制，操作步骤如下：

选中包含公式的 G3 单元格，按【Ctrl+C】组合键复制公式，选择需要复制公式的 G4 单元格，按【Ctrl+V】组合键粘贴公式，计算结果如图 4-5 所示。

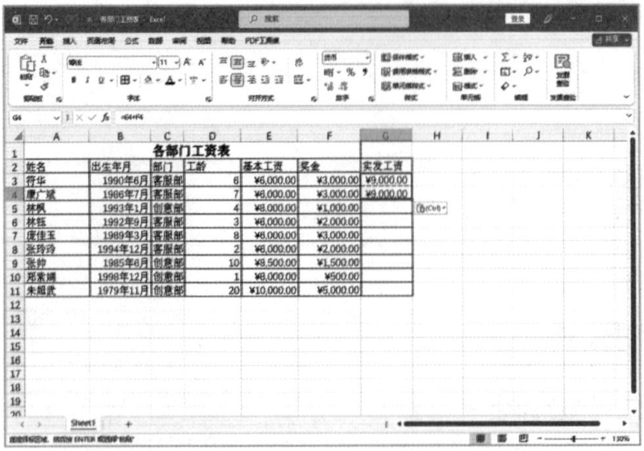

图 4-5

用同样的方法继续选择需要复制公式的单元格进行粘贴即可。也可以在复制公式之后，直接选中需要复制公式的单元格区域，按【Ctrl+V】组合键粘贴公式。

4.2.3 修改公式

如果在输入公式时，公式输入错误，便需要对公式进行修改。修改公式和修改数据的方法类似，操作步骤如下：

1 在G3单元格输入公式时，输入了错误的公式"=D3+E3+F3"，按【Enter】键后结果如图4-6所示。

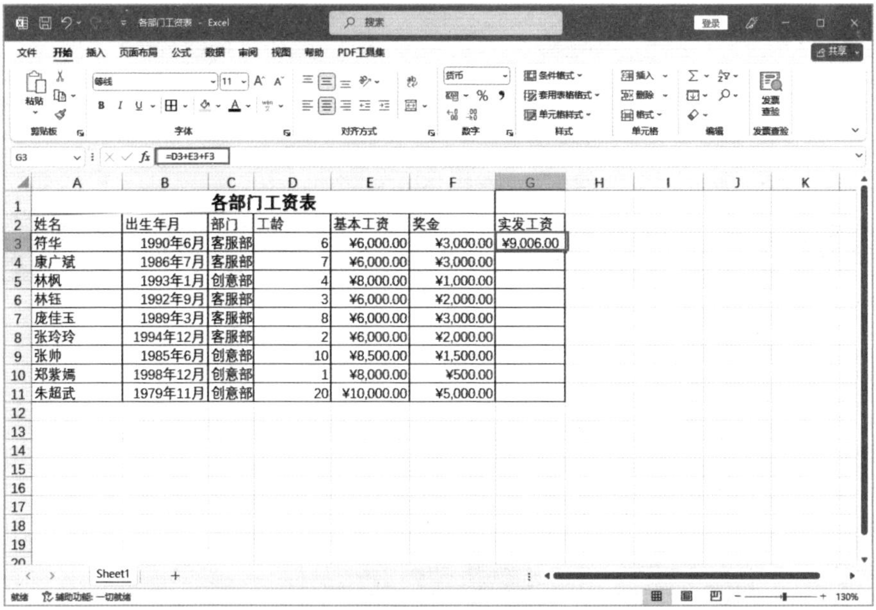

图 4-6

2 这时G3单元格中的公式就需要进行修改。选中G3单元格，在该单元格直接输入修改后的公式"=E3+F3"，然后按【Enter】键即可。

也可以直接双击 G3 单元格，这时公式就会进入修改状态，如图 4-7所示，接着进行修改即可。另外，还可以在选中 G3 单元格后，将文本输入点定位到编辑栏，如图 4-8 所示。然后在编辑栏中修改公式后按【Enter】键即可。

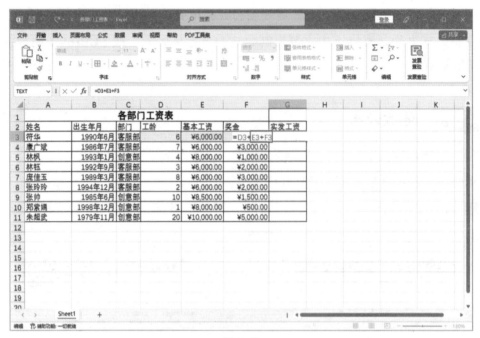

图 4-7

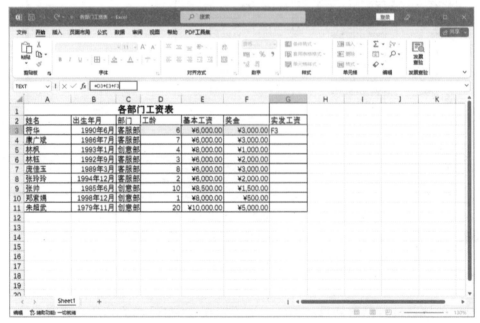

图 4-8

4.2.4 公式的显示

在单元格输入公式后，系统默认只显示公式的计算结果，而公式只在选中单元格后显示在编辑栏中。为了便于检查公式的正确性，可在单元格中将公式显示出来，操作步骤如下：

1. 在如图4-4所示的结果基础上，单击【公式】选项卡下的【公式审核】选项组中的【显示公式】按钮，如图4-9所示。

图 4-9

2. 此时，工作表中的公式就会显示在单元格中，如图4-10所示。

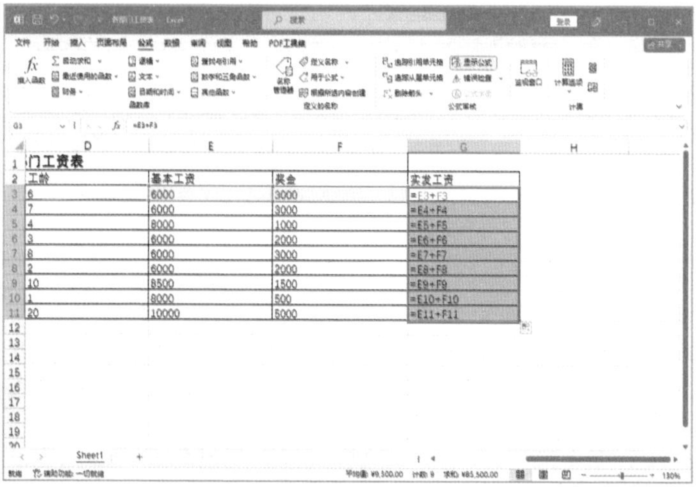

图 4-10

3 如果想要取消显示，再次单击【公式审核】选项组中的【显示公式】按
钮即可。

此外，也可以通过【Excel 选项】对话框进行设置来显示公式，操作步
骤如下：

单击【文件】选项卡，选择【选项】命令，弹出【Excel 选项】对话框，
在【高级】选项卡下的【此工作表的显示选项】栏中，勾选【在单元格中显
示公式而非其计算结果】复选框，单击【确定】按钮即可，如图 4-11 所示。

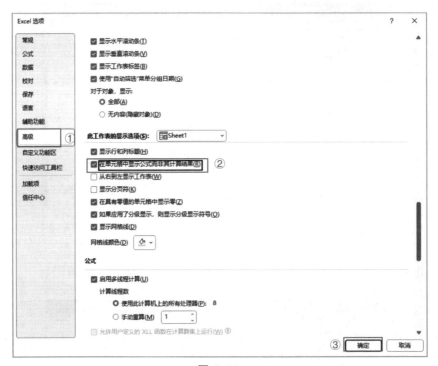

图 4-11

实用贴士　　选中一个带有公式的单元格，单击【公式】选项卡下【定义的名称】选项组里的【名称管理器】按钮，打开【名称管理器】对话框，单击【新建】按钮，输入名称、范围、批注及引用位置等信息，单击【确定】按钮后，就可以在名称框里看到新改的公式名称了。

4.3 引用单元格

在公式中引用单元格是指对工作表中的单元格或单元格区域进行引用。在公式中单元格的引用类型有相对引用、绝对引用和混合引用。每种引用类型都分为引用单元格和引用单元格区域。引用单元格区域的步骤与引用单元格的步骤基本相同，这一节的内容只以引用单元格为例进行讲解。

4.3.1 相对引用

相对引用是指引用的单元格与公式所在单元格之间的相对位置。系统默认情况下，相对引用是指复制公式，如果公式所在单元格的位置发生改变，引用也会随之改变，计算结果也会发生改变，以上文图4-4所示的结果为例，操作步骤如下：

选中 G3:G10 单元格区域中的任意一个单元格，如 G5 单元格，再选中 G6 单元格，在编辑栏中就会看到公式随着所在单元格的变化而发生相应的变化，如图 4-12、图 4-13 所示。

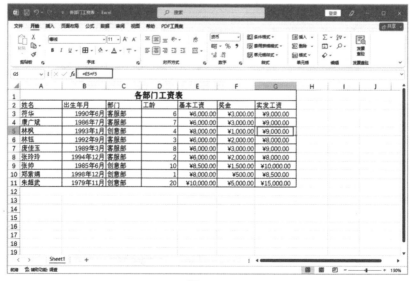

图 4-12

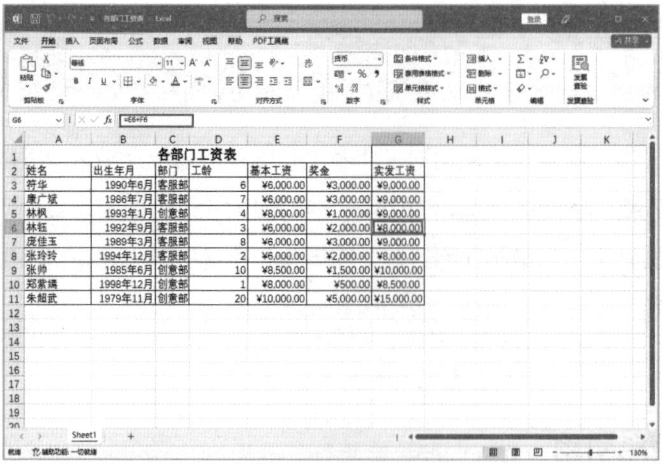

图 4-13

4.3.2　绝对引用

绝对引用是指引用单元格的绝对地址，它的位置与公式所在的单元格没有关系。在相对引用的单元格的列标和行号前分别添加绝对符号"$"，表示冻结单元格地址，便可变成绝对引用。以"各部门工资表"为例，在 G3 单元格中设定税率为 10%，在计算过程中，采用绝对引用的操作步骤如下：

1　打开工作表，在G4单元格中输入公式"=(E4+F4)*G3"，如图4-14所示。

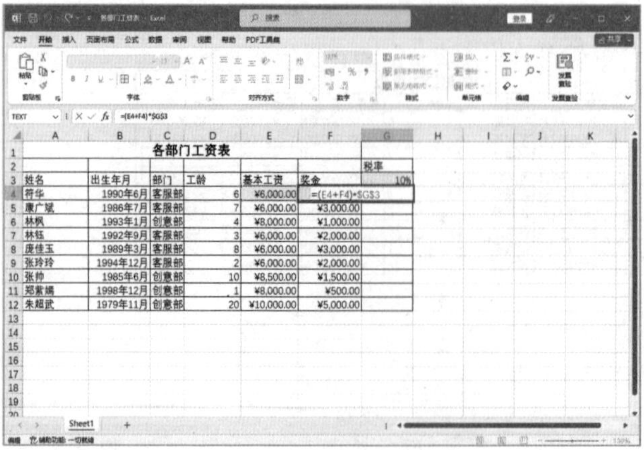

图 4-14

2 复制公式时，由于G3单元格中税率是不变的，所以为公式中的G3参数添加绝对符号，此时拖动右下角的控制柄向下复制公式到单元格G12，选择G6单元格，再选择G7单元格，会发现编辑栏中添加了绝对符号的单元格G3固定不变，如图4-15、图4-16所示。

	A	B	C	D	E	F	G
1	各部门工资表						
2							税率
3	姓名	出生年月	部门	工龄	基本工资	奖金	10%
4	符华	1990年6月	客服部	6	¥6,000.00	¥3,000.00	¥900.00
5	康广斌	1986年7月	客服部	7	¥6,000.00	¥3,000.00	¥900.00
6	林枫	1993年1月	创意部	4	¥8,000.00	¥1,000.00	¥900.00
7	林钰	1992年9月	客服部	3	¥6,000.00	¥2,000.00	¥800.00
8	庞佳玉	1989年3月	客服部	8	¥6,000.00	¥3,000.00	¥900.00
9	张玲玲	1994年12月	客服部	2	¥6,000.00	¥2,000.00	¥800.00
10	张帅	1985年6月	创意部	10	¥8,500.00	¥1,500.00	¥1,000.00
11	郑紫嫣	1998年12月	创意部	1	¥8,000.00	¥500.00	¥850.00
12	朱超武	1979年11月	创意部	20	¥10,000.00	¥5,000.00	¥1,500.00

图 4-15

	A	B	C	D	E	F	G
1	各部门工资表						
2							税率
3	姓名	出生年月	部门	工龄	基本工资	奖金	10%
4	符华	1990年6月	客服部	6	¥6,000.00	¥3,000.00	¥900.00
5	康广斌	1986年7月	客服部	7	¥6,000.00	¥3,000.00	¥900.00
6	林枫	1993年1月	创意部	4	¥8,000.00	¥1,000.00	¥900.00
7	林钰	1992年9月	客服部	3	¥6,000.00	¥2,000.00	¥800.00
8	庞佳玉	1989年3月	客服部	8	¥6,000.00	¥3,000.00	¥900.00
9	张玲玲	1994年12月	客服部	2	¥6,000.00	¥2,000.00	¥800.00
10	张帅	1985年6月	创意部	10	¥8,500.00	¥1,500.00	¥1,000.00
11	郑紫嫣	1998年12月	创意部	1	¥8,000.00	¥500.00	¥850.00
12	朱超武	1979年11月	创意部	20	¥10,000.00	¥5,000.00	¥1,500.00

图 4-16

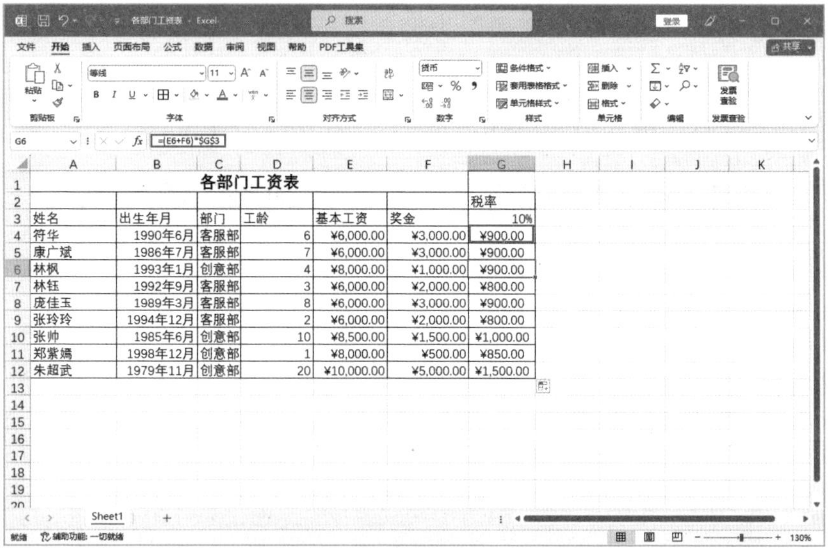

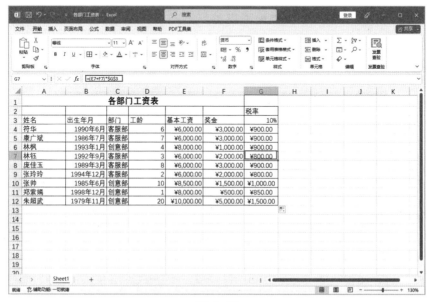

4.3.3 混合引用

混合引用是指公式中参数的行采用相对引用、列采用绝对引用，如 $G3；或者列采用相对引用、行采用绝对引用，如 G$3。在公式中，相对引用的部分会随着公式的复制而发生变化，绝对引用的部分不会随着公式的复制而发生变化。继续以"各部门工资表"为例，提成为基本工资的 5%，在计算提成时，采用混合引用的步骤如下：

1 在G4单元格中输入公式"=E4*G3"，如图4-17所示。

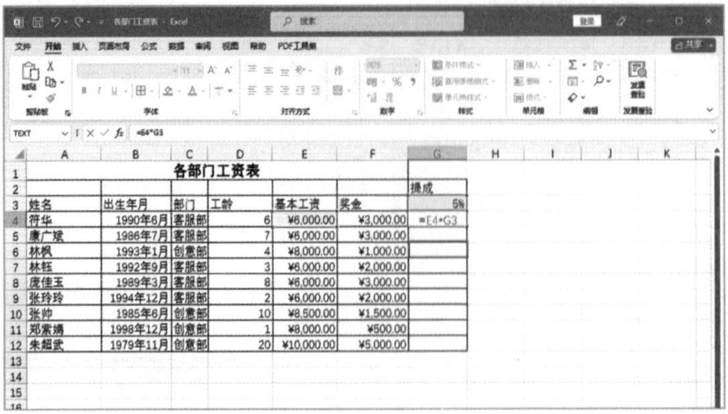

图 4-17

2 此时添加绝对符号，这里需要被乘数的列标不动而行号跟着变动，乘数的行号不动而列标跟着变动，G4单元格中的公式应为"=$E4*G$3"，如图4-18所示。

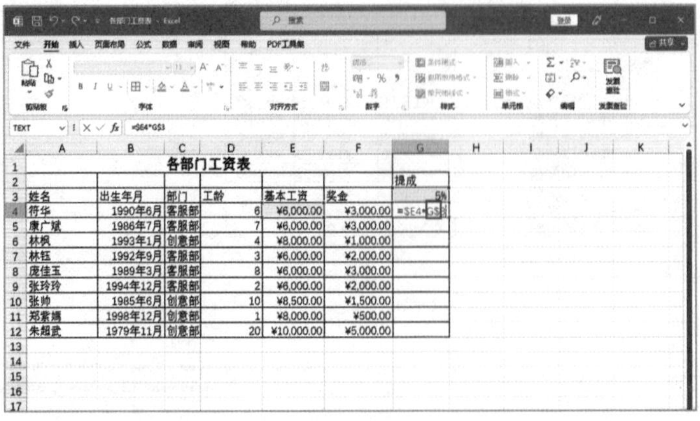

图 4-18

③ 按【Enter】键，在G4单元格返回计算的提成，如图4-19所示。

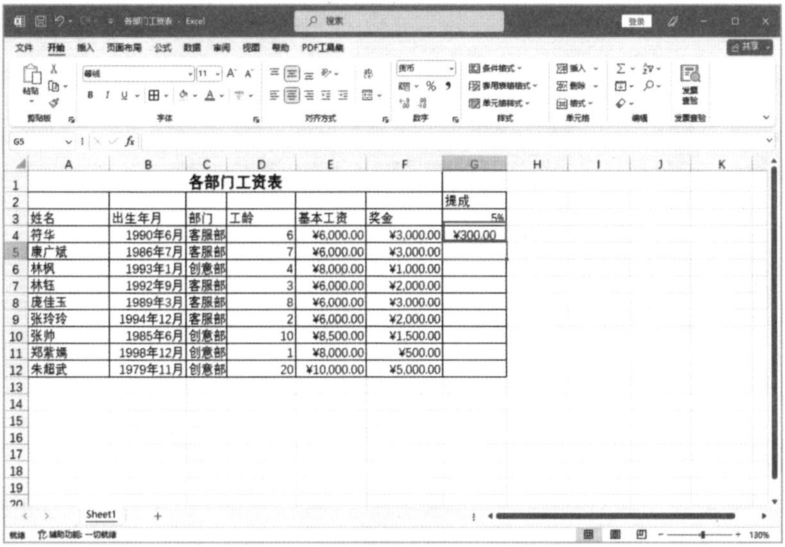

图 4-19

④ 选中G4单元格，拖动右下角的控制柄向下复制公式到G12单元格，得到每位员工的提成，此时选中G4:G12单元格区域中的任意一个单元格，如G6单元格，再选中单元格G7，在编辑栏中就会看到公式中乘数引用的列标不动而行号随之变动，如图4-20、图4-21所示。

图 4-20

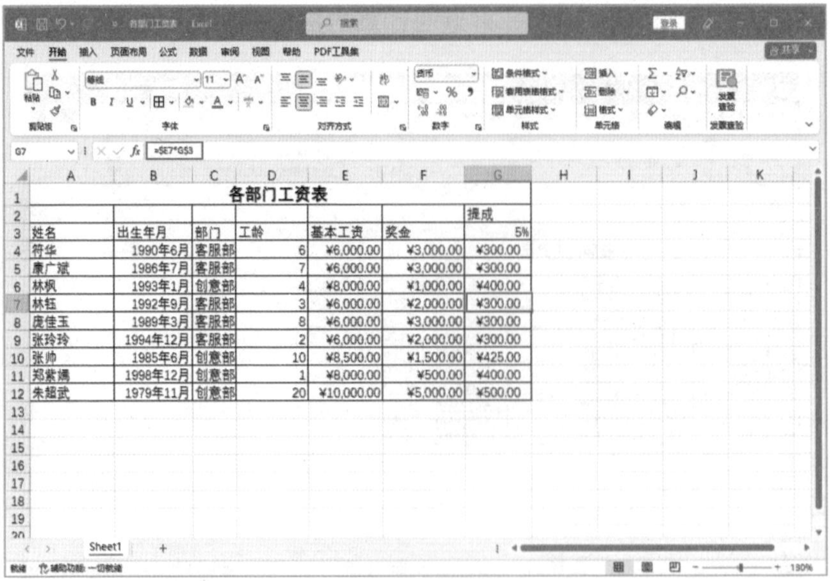

姓名	出生年月	部门	工龄	基本工资	奖金	提成 5%
符华	1990年6月	客服部	6	¥6,000.00	¥3,000.00	¥300.00
康广斌	1986年7月	客服部	7	¥6,000.00	¥3,000.00	¥300.00
林枫	1993年1月	创意部	4	¥8,000.00	¥1,000.00	¥400.00
林钰	1992年9月	客服部	3	¥6,000.00	¥2,000.00	¥300.00
庞佳玉	1989年3月	客服部	8	¥6,000.00	¥3,000.00	¥300.00
张玲玲	1994年12月	客服部	2	¥6,000.00	¥2,000.00	¥300.00
张帅	1985年6月	创意部	10	¥8,500.00	¥1,500.00	¥425.00
郑紫嫣	1998年12月	创意部	1	¥8,000.00	¥500.00	¥400.00
朱超武	1979年11月	创意部	20	¥10,000.00	¥5,000.00	¥500.00

图 4-21

5 在H列再设置“提成”为10%，选中G4:G12单元格区域，拖动G12单元格右下角的控制柄向右复制公式到H12单元格，此时选中其中任意一个单元格，如G7单元格，再选中H7单元格，在编辑栏中就可以看到公式中被乘数引用的行号不动而列标随之变动，如图4-22、图4-23所示。

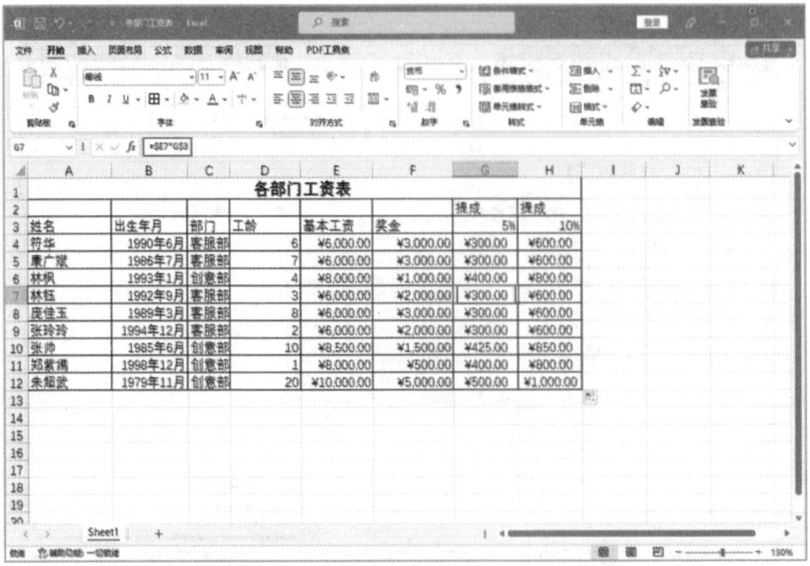

姓名	出生年月	部门	工龄	基本工资	奖金	提成 5%	提成 10%
符华	1990年6月	客服部	6	¥6,000.00	¥3,000.00	¥300.00	¥600.00
康广斌	1986年7月	客服部	7	¥6,000.00	¥3,000.00	¥300.00	¥600.00
林枫	1993年1月	创意部	4	¥8,000.00	¥1,000.00	¥400.00	¥800.00
林钰	1992年9月	客服部	3	¥6,000.00	¥2,000.00	¥300.00	¥600.00
庞佳玉	1989年3月	客服部	8	¥6,000.00	¥3,000.00	¥300.00	¥600.00
张玲玲	1994年12月	客服部	2	¥6,000.00	¥2,000.00	¥300.00	¥600.00
张帅	1985年6月	创意部	10	¥8,500.00	¥1,500.00	¥425.00	¥850.00
郑紫嫣	1998年12月	创意部	1	¥8,000.00	¥500.00	¥400.00	¥800.00
朱超武	1979年11月	创意部	20	¥10,000.00	¥5,000.00	¥500.00	¥1,000.00

图 4-22

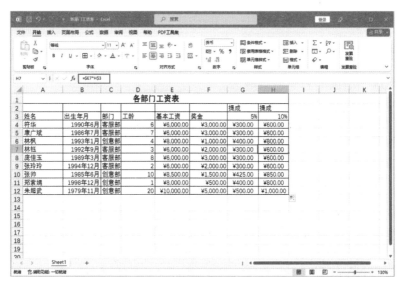

图 4-23

　　绝对引用和相对引用的修改，由于"$"符号的存在，显得有些麻烦。这时候，我们可以使用快捷键【F4】键进行切换。例如在公式"=A1"中，将光标放在字符 A1 内，每按一次【F4】键，A1 会在 A1、A$1、$A1、A1 之间切换。

4.4 公式审核与公式求值

　　输入公式后，如果不进行审核，容易放过一些错误，导致计算错误的结果。此外，通过公式求值，也能够判断公式的正误，起到一定的审核作用。

4.4.1 常见的公式错误

　　在输入公式时，经常会出现一些错误信息。这些错误值通常是公式不能正确计算结果或公式引用的单元格错误所导致的。在 Excel 中常见的错误值有以下几种。

1.错误信息"####"

出现这一错误信息有两种原因。

一是单元格的列宽不够，导致单元格中的数据信息显示不全。出现这种情况时，只需调整列宽或者修改数据信息的格式，使其全部显示出来便可以了。

二是使用了负的日期或时间，比如在对时间和日期进行减法运算时，用较早的日期或时间值减去较晚的日期或时间值，就会导致"####"错误。出现这种情况时，只需保证表格中的日期或时间型数据为正值便可。

2.错误值"#NAME?"

出现这种错误的原因是公式中使用了一个无法识别的名称，可能是使用的名称不存在，也可能是名称输入错误，还可能是文本没加双引号。出现这种情况时，就要确保使用的名称存在，或在公式中插入正确的名称，或把公式中的文本放在双引号中。

3.错误值"#DIV/0!"

出现这一错误值的原因是公式中的除数为0或空单元格。出现这种情况时，只需将除数0改成非0值，或修改除数所在的单元格中的值。

4.错误值"#NUM!"

出现这一错误值的原因有两种。

一是在需要数字参数的函数中使用了无法处理的参数。出现这种情况时，就要确认函数中使用的参数类型正确无误。

二是输入的公式所产生的数字太大或太小，无法在Excel中表示。出现这种情况时，就需要修改公式，使其计算结果在有效数字范围之内。

5.错误值"#VALUE!"

出现这一错误值的原因有两种。

一是在需要数字或逻辑值时输入了文本，Excel无法将文本转换为正确的数据类型。出现这种情况时，就要确认公式或函数所需的运算符或参数正确，且公式所引用的单元格中含有有效的数值。

二是赋予了需要单一数值的运算符或函数一个数值区域。出现这种情况时，就要将这一数值区域改为单一数值。在修改时，要使其包含公式所在的数据行或列。

4.4.2 检查公式

在 Excel 中输入公式时，有可能输入的单元格引用有误，计算完成后可以使用错误检查功能查找错误，操作步骤如下：

1 打开工作表，以"各部门工资表"为例，在G5单元格预先设置一个错误的公式。选中表格中任意一个单元格，在【公式】选项卡下的【公式审核】选项组中，单击【错误检查】按钮，如图4-24所示。

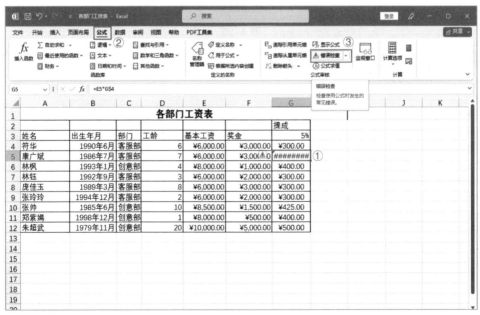

图 4-24

2 弹出【错误检查】对话框，便可以看到对话框中显示G5单元格中出错，错误原因是公式不一致，单击【从上部复制公式】按钮，如图4-25所示。

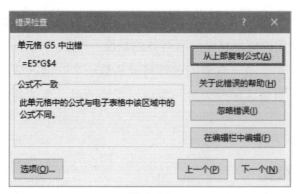

图 4-25

③ 弹出一个【已完成对整个工作表的错误检查。】的提示框，单击【确定】
按钮，如图4-26所示。

图 4-26

④ 此时，G4单元格中的公式复制到了G5单元格中，从而引用正确的公式，
如图4-27所示。

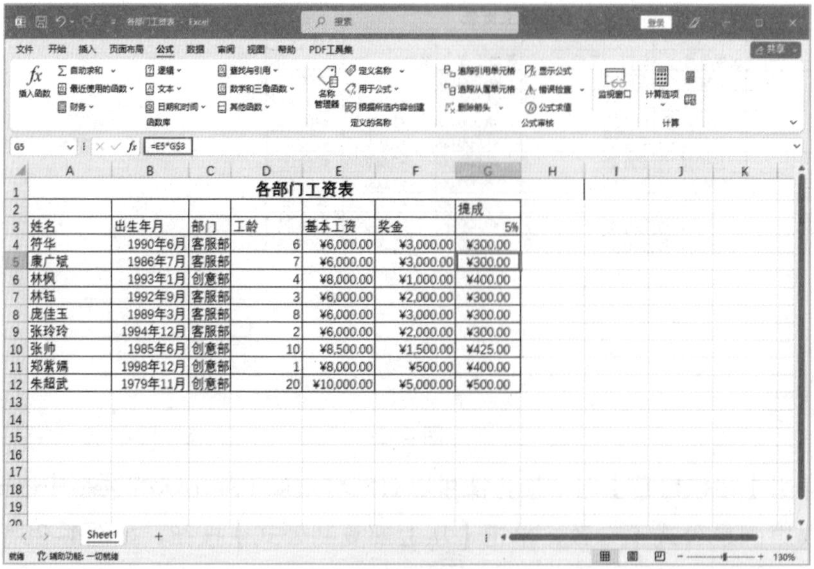

图 4-27

⑤ 倘若需要手动修改公式，则在【错误检查】对话框中单击【在编辑栏中编辑】按钮，如图4-28所示。

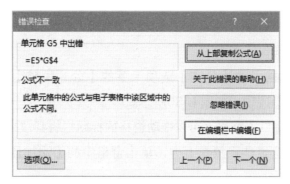

图 4-28

⑥ 此时便可以在工作表的编辑栏中修改公式的引用位置，如图4-29所示，然后单击对话框中的【继续】按钮便可。

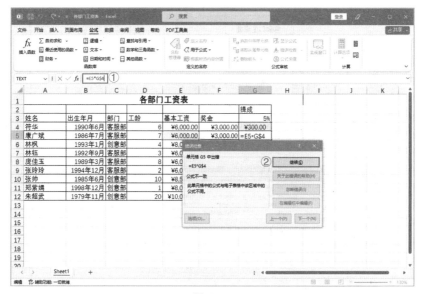

图 4-29

如果表格中不止一处错误，单击【从上部复制公式】按钮后，会自动显示下一个错误的位置，或在手动修改完公式，单击【继续】按钮后自动显示下一个错误，继续手动修改，直到没有错误时才会弹出【已完成对整个工作表的错误检查。】的提示框。

4.4.3 实时监视公式

在 Excel 中，还可以使用监视窗口功能对公式进行监视，锁定工作表中某个单元格的公式，以"各部门工资表"中 G5 单元格为例，显示出该单元格的实际情况，操作步骤如下：

1️⃣ 选中G5单元格，在【公式】选项卡下的【公式审核】选项组下，单击【监视窗口】按钮，如图4-30所示。

2️⃣ 打开【监视窗口】窗格，可以拖动窗格的标题栏将其放在窗口的右侧、下侧或上方，这里选择放在上方，单击窗格中的【添加监视】按钮，如图4-31所示。

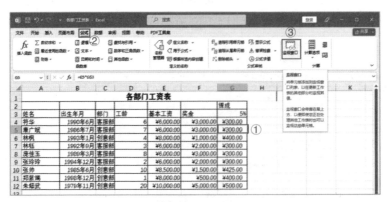

图 4-30

图 4-31

③ 弹出【添加监视点】对话框，此时【选择您想监视其值的单元格】下已自动添加G5单元格，单击【添加】按钮，如图4-32所示。

④ 此时在窗格中便添加了G5单元格的公式信息，如图4-33所示。

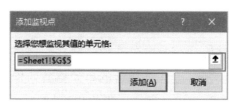

图 4-32

图 4-33

⑤ 如果需要删除监视的单元格，则在选择窗格中监视的单元格公示信息后，单击【删除监视】按钮即可，如图4-34所示。

图 4-34

4.4.4 引用追踪

在工作中，有时使用的公式非常复杂，这种情况就难以分清公式与值之间的引用关系。比如某一个单元格的公式引用了其他多个单元格，而这个单元格又被其他单元格的公式引用了。这时，便可以使用 Excel 的引用追踪功能。这一功能又分为追踪引用单元格和追踪从属单元格两种。

1.追踪引用单元格

如果选定的单元格中含有一个公式或函数，而该单元格中的公式或函数又包含了其他单元格，那么这些被包含的单元格就叫作引用单元格。使用单元格追踪功能，可以追踪引用单元格，操作步骤如下：

1️⃣ 打开工作表，以"各部门工资表"为例，选中需要审核的G5单元格，在【公式】选项卡下的【公式审核】选项组中，单击【追踪引用单元格】按钮，如图4-35所示。

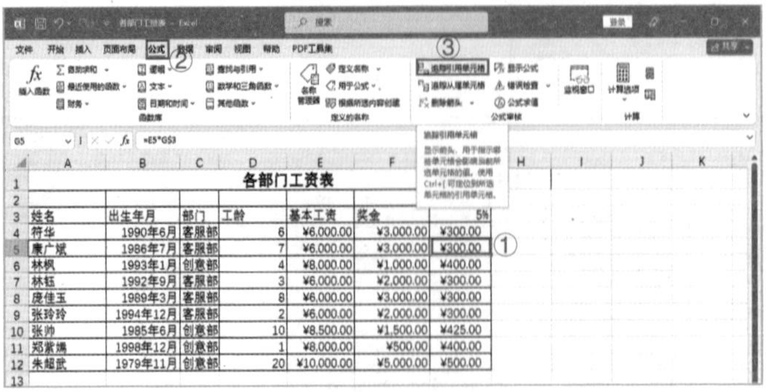

图 4-35

2️⃣ 这时可以看到公式追踪功能将公式引用的E5单元格和G3单元格分别用带有圆点的蓝色箭头标出，而且箭头同时指向G5单元格，如图4-36所示。

图 4-36

③ 如果想要取消追踪箭头，可单击【公式审核】选项组中的【删除箭头】
按钮，如图4-37所示。或者单击【删除箭头】下拉列表中的【删除引用
单元格追踪箭头】选项，如图4-38所示。

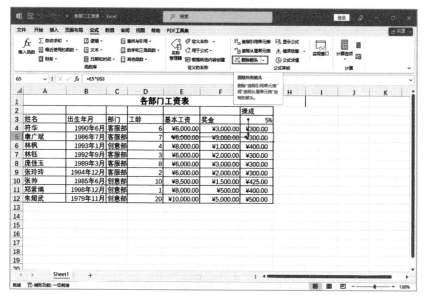

图 4-37

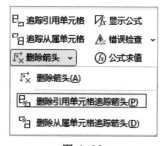

图 4-38

2.追踪从属单元格

　　追踪从属单元格和追踪引用单元格的功能和操作步骤类似，但侧重点有
所不同。追踪引用单元格强调的是该单元格引用了哪些其他单元格，而追踪
从属单元格强调的是该单元格被哪一个单元格引用了。依然以"各部门工资
表"为例，操作步骤如下：

① 选中需要审核的E5单元格，在【公式】选项卡下的【公式审核】选项组

中，单击【追踪从属单元格】按钮，如图4-39所示。

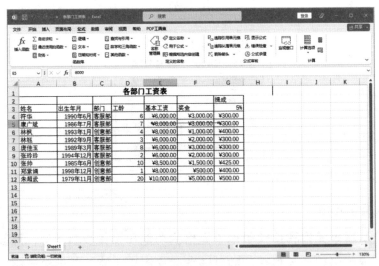

图 4-39

2 这时可以看到公式追踪功能用蓝色箭头由E5单元格指向了G5单元格，表明E5单元格被G5单元格引用了，如图4-40所示。

图 4-40

3 取消追踪箭头可以单击【公式审核】选项组中的【删除箭头】按钮或【删除箭头】下拉列表中的【删除从属单元格追踪箭头】选项，如图4-41所示。

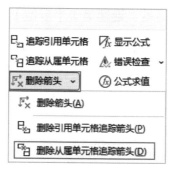

图 4-41

4.4.5　公式求值

Excel 还提供了公式求值功能。公式求值功能可以单步执行公式，实现公式调试。这一功能常用于比较复杂的嵌套公式，如"各部门工资表"中"提成"的计算公式，操作步骤如下：

1　选中 G5 单元格，在【公式】选项卡下的【公式审核】选项组中，单击【公式求值】按钮，如图 4-42 所示。

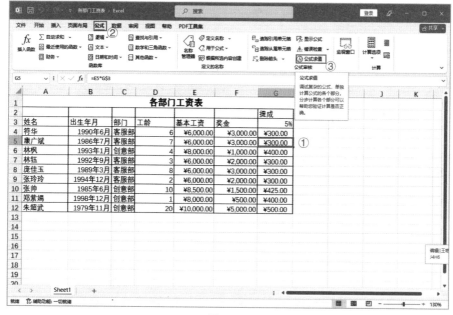

图 4-42

2 弹出【公式求值】对话框，连续单击【求值】按钮，就会看到单步执行公式的过程，如图4-43、图4-44、图4-45所示，直到计算出最终结果，如图4-46所示。

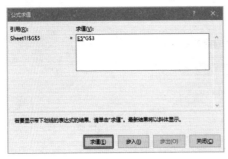

图 4-43

图 4-44

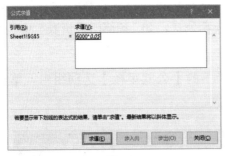

图 4-45

图 4-46

实用贴士

对于Excel高手来说，公式求值不够直接，他们不关心计算过程，只想看到结果。此时，他们就会在公式编辑栏中选择要计算结果的部分，按【F9】键，系统就会对这部分进行直接计算。不过，对于新手来说，使用公式求值还是更加稳妥一些。

Chapter

05

第 5 章
函数应用基础

函数作为Excel内部预先定义并按照特定顺序、结构来执行的计算和分析等数据处理任务的功能模块，常被称为"特殊公式"。函数就是Excel预置的公式，函数可以是公式的一部分，但公式里不一定都有函数。

导读 ▷

学习要点：★认识函数
★掌握函数的输入和编辑方法
★了解常用的函数

5.1 认识函数

在 Excel 中，函数是重要的数据处理与分析工具。学会利用函数，能大幅度提升公式的功能，提高用户的工作效率。使用函数之前，先要对函数进行一些基本的了解。

5.1.1 函数的结构

函数就是 Excel 预置的公式，是 Excel 公式的特定形式。函数有指定的函数名，包括若干个参数，各参数根据运算规则进行计算，最终返回结果为值。

函数与公式一样，都是由 "=" 开始，接着是函数名称、左圆括号、参数、半角逗号和右圆括号构成。例如 SUM(A1:A10,B1:B10) 中，SUM 是函数名称，圆括号内用半角逗号分开的两个单元格区域为参数，参数部分总长度不能超过 1 024 个字符。

此外，还有一些仅由函数名称和圆括号组成，但没有参数的函数，例如 NOW() 函数。

5.1.2 函数的分类

Excel 提供了多种类型的函数，根据功能可以将这些函数分为十几类，例如日期与时间函数、逻辑函数、统计函数、数学与三角函数、查找与引用函数、文本函数等。

常见函数的功能如下。

◆日期与时间函数：日期与时间函数主要用于对 Excel 中的日期和时间值进行处理，例如 TODAY 函数能够返回当前日期。

◆逻辑函数：逻辑函数主要用来根据一定的条件对事件的状态进行判断，从而判定真假，并据此返回一定的值，同时也可以用来进行逻辑计算。

◆统计函数：统计函数用于对单元格区域内的数据进行统计分析。例如，

MAX 函数可以用来求一组数据的最大值等。

◆数学与三角函数：数学与三角函数能够进行各类数学和三角计算，例如计算单元格区域中的数值总和等。

◆查找与引用函数：查找与引用函数可以用来在数据清单或表格中查找特定数值，或者查找某一单元格引用。

◆文本函数：文本函数主要用于在公式中处理文本字符串。例如改变字母大小写或确定文本字符串的长度等，也可以将日期插入文本字符串或连接在文本字符串上。

实用贴士

  Excel 中的函数，随着版本的更新不断增加，迄今为止已经达到了 400 多种。数量这么多，我们没有必要全都记住，但工作中常用的 SUM 函数、AVERAGE 函数、IF 函数、VLOOKUP 函数、COUNTIF 函数、RANK 函数等，都是需要我们熟练掌握的。

5.2　函数的输入和编辑

  由于函数有长有短、有简单有复杂、有常用有不常用，所以可以选择不同的输入方式。手动输入时，如果出现错误，也可以进行手动修改。

5.2.1　输入函数

  在 Excel 中使用函数计算数据时，如果对函数不是特别熟悉，可以使用【插入函数】对话框输入函数；如果对函数很熟悉，则可以直接手动输入函数。

  以 "各部门工资表" 为例，使用【插入函数】对话框输入函数计算员工的 "实发工资"，操作步骤如下：

1 选中需要插入函数的F3单元格，单击【公式】选项卡下【函数库】选项组中的【插入函数】按钮或公式编辑栏左侧的【插入函数】小按钮，如图5-1所示。

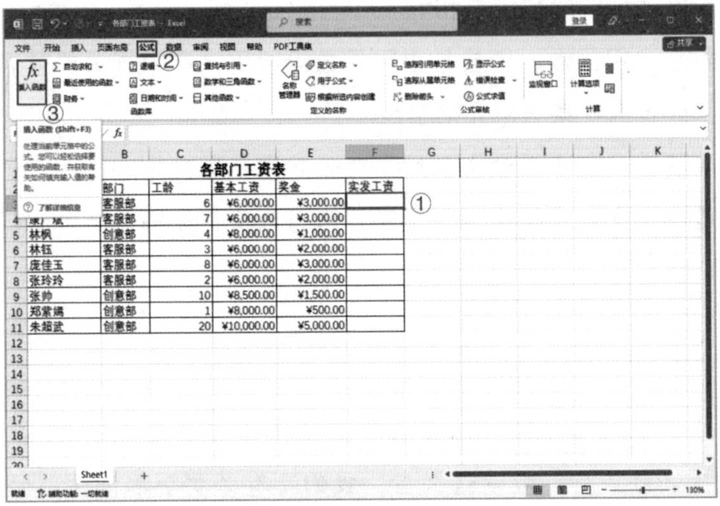

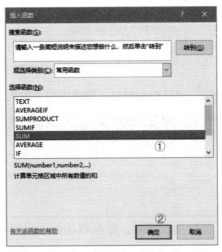

图 5-1

2 弹出【插入函数】对话框，在【选择函数】列表框中选择需要的函数，这里选择求和函数SUM，单击【确定】按钮，如图5-2所示。

图 5-2

3 弹出【函数参数】对话框，单击【Number1】框右侧的折叠按钮，在表格中选择参与计算的D3:E3单元格区域，再单击展开按钮，返回【函数参数】对话框，单击【确定】按钮，如图5-3所示。

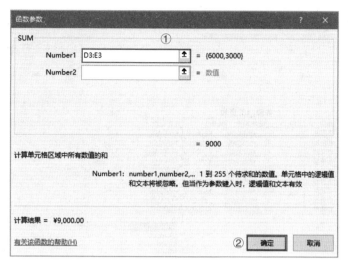

图 5-3

4 返回工作表，可以看到F3单元格已完成了计算，如图5-4所示。

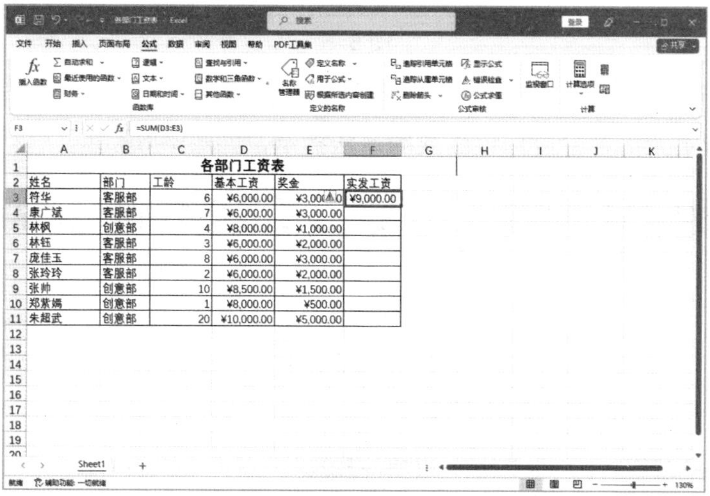

图 5-4

对于函数掌握比较熟练的用户来说，可以使用手动输入的方法，直接在单元格中输入函数公式，系统会根据输入的函数公式自动计算出结果。以"各部门工资表"为例，计算员工实发工资的平均值，操作步骤如下：

1 选中需要插入函数的F12单元格，输入 "=" 和要插入函数的第一个字母，平均值函数第一个字母为 "A"，此时系统会自动展开一个以字母A开头的函数的下拉列表，如图5-5所示。

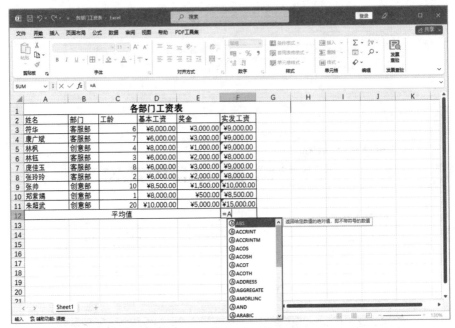

图 5-5

2 在下拉列表中找到AVERAGE函数，双击该函数将其插入F12单元格，此时F12单元格中会显示该函数的语法提示，如图5-6所示。

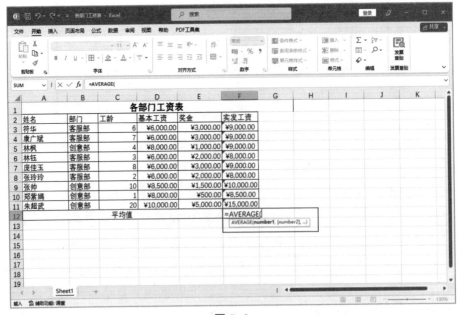

图 5-6

3 按住鼠标左键，在表格中拖动选择需要参与计算的F3:F11单元格区域，如图5-7所示。

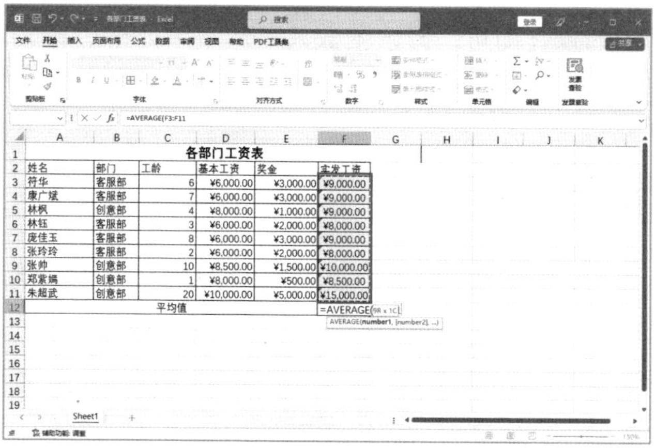

各部门工资表					
姓名	部门	工龄	基本工资	奖金	实发工资
符华	客服部	6	¥6,000.00	¥3,000.00	¥9,000.00
康广斌	客服部	7	¥6,000.00	¥3,000.00	¥9,000.00
林枫	创意部	4	¥8,000.00	¥1,000.00	¥9,000.00
林钰	客服部	3	¥6,000.00	¥2,000.00	¥8,000.00
庞佳玉	客服部	8	¥6,000.00	¥3,000.00	¥9,000.00
张玲玲	客服部	2	¥6,000.00	¥2,000.00	¥8,000.00
张帅	创意部	10	¥8,500.00	¥1,500.00	¥10,000.00
郑紫嫣	创意部	1	¥8,000.00	¥500.00	¥8,500.00
朱超武	创意部	20	¥10,000.00	¥5,000.00	¥15,000.00
平均值					=AVERAGE(F3:F11

图 5-7

4 参数选定之后，输入右括号，此时函数便输入完成，如图5-8所示。

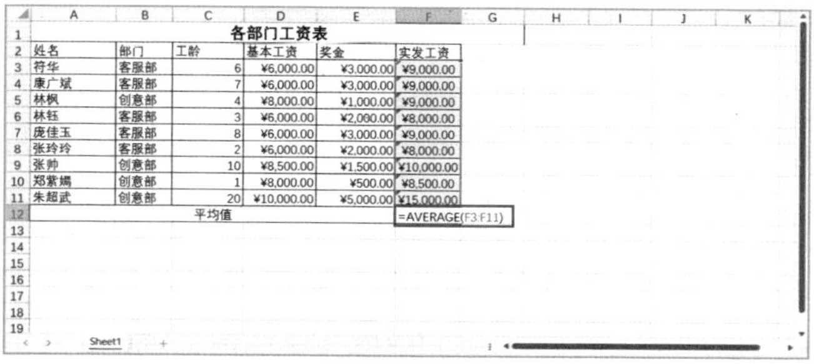

各部门工资表					
姓名	部门	工龄	基本工资	奖金	实发工资
符华	客服部	6	¥6,000.00	¥3,000.00	¥9,000.00
康广斌	客服部	7	¥6,000.00	¥3,000.00	¥9,000.00
林枫	创意部	4	¥8,000.00	¥1,000.00	¥9,000.00
林钰	客服部	3	¥6,000.00	¥2,000.00	¥8,000.00
庞佳玉	客服部	8	¥6,000.00	¥3,000.00	¥9,000.00
张玲玲	客服部	2	¥6,000.00	¥2,000.00	¥8,000.00
张帅	创意部	10	¥8,500.00	¥1,500.00	¥10,000.00
郑紫嫣	创意部	1	¥8,000.00	¥500.00	¥8,500.00
朱超武	创意部	20	¥10,000.00	¥5,000.00	¥15,000.00
平均值					=AVERAGE(F3:F11)

图 5-8

5 按【Enter】键，可以看到在F12单元格中返回F3:F11单元格区域中数值的平均值，如图5-9所示。

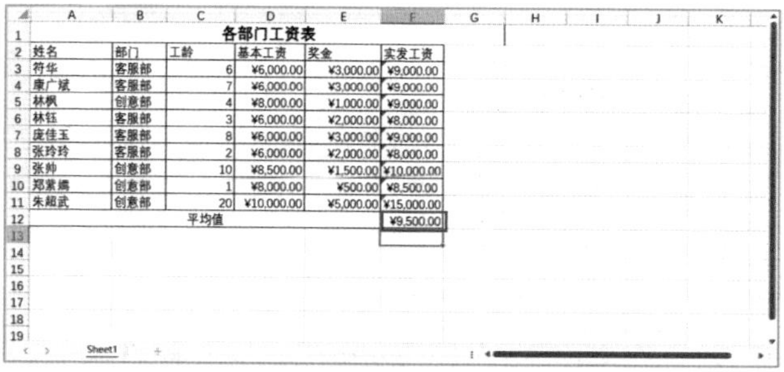

各部门工资表					
姓名	部门	工龄	基本工资	奖金	实发工资
符华	客服部	6	¥6,000.00	¥3,000.00	¥9,000.00
康广斌	客服部	7	¥6,000.00	¥3,000.00	¥9,000.00
林枫	创意部	4	¥8,000.00	¥1,000.00	¥9,000.00
林钰	客服部	3	¥6,000.00	¥2,000.00	¥8,000.00
庞佳玉	客服部	8	¥6,000.00	¥3,000.00	¥9,000.00
张玲玲	客服部	2	¥6,000.00	¥2,000.00	¥8,000.00
张帅	创意部	10	¥8,500.00	¥1,500.00	¥10,000.00
郑紫嫣	创意部	1	¥8,000.00	¥500.00	¥8,500.00
朱超武	创意部	20	¥10,000.00	¥5,000.00	¥15,000.00
平均值					¥9,500.00

图 5-9

5.2.2 编辑函数

编辑函数和编辑公式的方法步骤基本相同。复制和显示函数，只需选中单元格进行相应的操作即可；修改函数只需选中单元格后将文本插入点定位在相应的单元格或编辑栏进行修改即可。具体操作步骤这里不再赘述。

5.2.3 嵌套函数

在日常工作中，直接使用单个函数进行计算的都比较简单，这种情况也比较少，通常都会使用两个或两个以上的函数进行嵌套操作，这样才能得到所要的结果。处理复杂的数据时，使用嵌套函数可以简化函数参数。当函数的参数也是函数时，这便称为函数的嵌套。

在 Excel 中常用的嵌套函数有 IF 函数、AND 函数、OR 函数。如果是对数组进行计算，还可以使用 LOOKUP 函数、ROW 函数、INDIRECT 函数和 COUNTA 函数。

以 IF 函数为例，使用嵌套函数的操作步骤如下：

1. 打开工作表，以"各部门工资表"为例，选择要输入嵌套函数的目标单元格，如F3单元格，输入嵌套函数"=IF(D3>0,SUM(D3+E3),E3)"，表示如果D3单元格的值大于0，那么继续使用SUM函数计算D3单元格和E3单元格的值的和，否则就返回E3单元格的值，如图5-10所示。

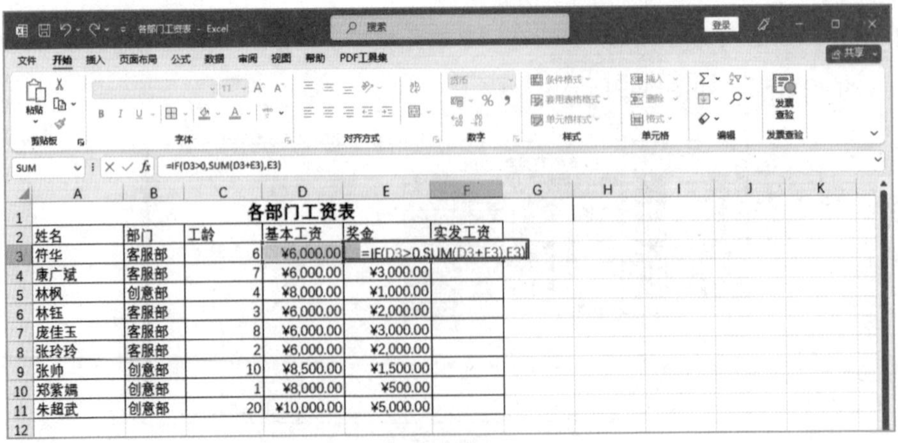

图 5-10

2 按【Enter】键，计算结果如图5-11所示。

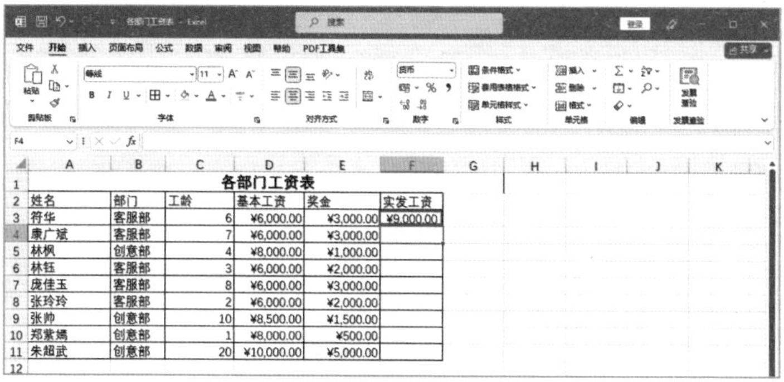

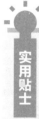

各部门工资表					
姓名	部门	工龄	基本工资	奖金	实发工资
符华	客服部	6	¥6,000.00	¥3,000.00	¥9,000.00
康广斌	客服部	7	¥6,000.00	¥3,000.00	
林枫	创意部	4	¥8,000.00	¥1,000.00	
林钰	客服部	3	¥6,000.00	¥2,000.00	
庞佳玉	客服部	8	¥6,000.00	¥3,000.00	
张玲玲	客服部	2	¥6,000.00	¥2,000.00	
张帅	创意部	10	¥8,500.00	¥1,500.00	
郑紫嫣	创意部	1	¥8,000.00	¥500.00	
朱超武	创意部	20	¥10,000.00	¥5,000.00	

图 5-11

实用贴士

在各种统计分析的工作表中，有三个“函数家族”的九个成员频频亮相，且简便易用，深受喜爱，它们就是求和“家族”的 SUM 函数、SUMIF 函数、SUMIFS 函数，计数“家族”的 COUNT 函数、COUNTIF 函数、COUNTIFS 函数，平均“家族”的 AVERAGE 函数、AVERAGEIF 函数、AVERAGEIFS 函数。

5.3 日期和时间函数

在公式中，用户有时候需要分析和处理日期值和时间值，这时候就用到日期和时间函数了。熟练掌握其应用技巧，对于提高工作效率大有益处。

5.3.1 日期函数

1.DATE函数

DATE 函数是将数值转换为日期的函数，用于将指定的年、月、日合并为序列号。其语法结构为：

DATE(year,month,day)

year：年份，取值为 1 ~ 4 位数字。

month：1 ~ 12 月的各月，为正整数或负整数，或者指定单元格引用。如果指定数大于 12，则默认为下一年的 1 月之后的数值；如果指定数小于 0，则默认为指定了前一年。

day：1 ~ 31 日的各天。如果指定数大于月份的最后一天，则默认为下一月份的 1 日之后的数值；如果指定数小于 0，则默认为指定了前一月份。

DATE 函数的使用效果如图 5-12 所示。

	A	B	C	D
1		2023	1	4
2	函数（前面加=）	DATE(B1,C1,D1)	DATE(B1,-2,D1)	DATE(B1,C1,32)
3	结果	2023/1/4	2022/10/4	2023/2/1
4	说明	将单元格B1、C1、D1的内容合并为完整的日期格式	将B1、-2、D1合并为完整的日期格式，由于月份数-2小于0，所以指定为前一年的10月	将B1、C1、32合并为完整的日期格式，由于32大于1月份的最后一天，所以指定为下一个月的第一天

图 5-12

2.YEAR函数

YEAR 函数是 Excel 中最常用的函数之一，用于提取日期型数据中的年，返回值为 1900 ~ 9999 的整数。其语法结构为：

YEAR(serial_number)

serial_number：日期型数据，其中包括要查找的年份，可以是带引号的文本字符串、系列数、公式或函数的计算结果等。如果参数为空值，则默认为 1900 年；如果参数无法识别为日期，则返回错误值"#VALUE!"。

YEAR 函数的使用效果如图 5-13 所示。

	A	B	C	D	E
1		2023/6/13		44193	函数
2	函数（前面加=）	YEAR(B1)	YEAR(C1)	YEAR(D1)	YEAR(E1)
3	结果	2023	1900	2020	#VALUE!
4	说明	提取出日期型数据中的年份	空值默认为1900年	系列数转换为日期之后提取年份	文本型数据无法识别为日期型数据，返回错误值

图 5-13

3.TODAY函数

TODAY 函数用于返回日期格式的当前日期。其语法结构为：

TODAY()

TODAY 函数的使用效果如图 5-14 所示。

	A	B	C	D
1	函数（前面加=）	TODAY()	TODAY()-6	TODAY()+6
2	结果	2023/6/13	2022/6/7	2023/6/19
3	说明	返回系统当前日期	返回系统当前日期之前6天的日期	返回系统当前日期之后6天的日期

图 5-14

5.3.2 时间函数

1.TIME函数

TIME 函数用于将指定的时、分、秒合并为时间。其语法结构为：

TIME(hour,minute,second)

hour：用数值或数值所在的单元格指定表示小时的数值，取值为 0 ~ 23。如果该参数大于 23，就除以 24，取余数为小时数。

minute：用数值或数值所在的单元格指定表示分钟的数值，取值为 0 ~ 59。如果该参数大于 59，则进位转换为小时和分钟。

second：用数值或数值所在的单元格指定表示秒的数值，取值为 0 ~ 59。如果该参数大于 59，则进位转换为小时、分钟和秒。

TIME 函数的使用效果如图 5-15 所示。

	A	B	C	D
1		20	30	45
2	函数（前面加=）	TIME(B1,C1,D1)	TIME(25,17,40)	TIME(11,68,40)
3	结果	20:30:45	1:17:40	12:08:40
4	说明	将B1、C1、D1合并为完整的时间格式	表示小时数的数值25大于23, 25除以24的余数为1, 小时数为1	表示分钟数的数值68大于59, 则进位转换为小时数和分钟数

图 5-15

2.HOUR函数

HOUR 函数用于提取日期时间型数据中的时，返回值为 0 ~ 23 的整数，表示一天之中的某个时钟点。其语法结构为：

HOUR(serial_number)

serial_number：日期时间型数据，其中包括要查找的小时，可以是带引号的文本字符串、十进制数、其他公式或函数的计算结果等。如果参数无法识别为时间，则返回错误值 "#VALUE!"。

HOUR 函数的使用效果如图 5-16 所示。

	A	B	C	D	E
1		20:38	10:42	45	
2	函数（前面加=）	HOUR(B1)	HOUR("10:42")	HOUR(B1-C1)	HOUR(D1)
3	结果	20	10	10	#VALUE!
4	说明	将日期时间型数据中的小时数提取出来	将文本型时间数据中的小时数提取出来	日期时间型数据中的小时数之差	文本型数据无法识别为时间，返回错误值

图 5-16

实用贴士

TIME 函数返回的小数值为 0 到 0.99999999 之间的数值，代表的是从 0:00:00（即 12:00:00 AM）到 23:59:59（11:59:59 PM）之间的时间。

5.4 逻辑函数

逻辑函数，是一类返回值为逻辑值 TRUE 或 FALSE 的函数，能够用来检查函数的真假，一般配合其他函数来使用。

5.4.1 条件函数

IF 函数用于执行真假值判断，可根据逻辑判断数值的真假，返回不同的结果，从而实现对数值或公式的条件检测。指定的条件真假结果通过 TRUE 或 FALSE 表示。其语法结构为：

IF(logical_test,value_if_true,value_if_false)

logical_test：计算结果为 TRUE 或 FALSE 的逻辑值或逻辑表达式。

value_if_true：当 logical_test 为 TRUE 时返回的值。如果此参数为文本字符串，当 logical_test 为 TRUE 时，则 IF 函数显示该文本字符串；如果 logical_test 为 TRUE 且 value_if_true 为空，则返回值为 0。value_if_true 也可以是其他公式。

value_if_false：当 logical_test 为 FALSE 时返回的值。如果此参数为文本字符串，当 logical_test 为 FALSE 时，则 IF 函数显示该文本字符串；如果省略了该参数，且 logical_test 为 FALSE 时，则返回值为 FALSE；如果 logical_test 为 FALSE 且 value_if_false 为空，则返回值为 0。value_if_false 也可以是其他公式。

IF 函数的使用效果如图 5-17 所示。

	A	B	C	D
1	2			
2	函数（前面加=）	IF(A1>0,2,1)	IF(A1>0,"函数")	IF(A1>0,)
3	结果	2	函数	0
4	说明	A1>0为TRUE，返回第一个值2；如果A1>0为FALSE，返回第二个值1	第二个参数是文本"函数"并且A1>0为TRUE，返回文本"函数"	A1>0为TRUE且第二个参数为空，返回值为0
5	函数（前面加=）	IF (A1 < 0,SUM (A1+B1))	IF (A1 < 0,SUM (A1+B1),)	
6	结果	FALSE	0	
7	说明	A1<0为FALSE，而且省略了第三个参数,返回值是FALSE	A1<0为FALSE且第三个参数为空，返回值为0	

图 5-17

5.4.2 求交运算函数

AND 函数是逻辑函数中的常用函数，用于判断各个参数是否全部为真，当所有参数逻辑值为真时返回 TRUE，只要任何一个参数的逻辑值为假则返回 FALSE。其语法结构为：

AND(logical1,logical2,……)

logical1,logical2,……：待检测的逻辑表达式。该参数必须是逻辑值（1 ~ 255 个条件值）、包含逻辑值的数组或引用。如果数组或引用中包含文本或空白单元格，这些值将被忽略；如果指定的单元格区域包含非逻辑值，将返回错误值 "#VALUE!" 或 "#NAME?"。

AND 函数的使用效果如图 5-18 所示。

	A	B	C	D	E
1	函数（前面加=）	AND(TRUE,FALSE)	AND(TRUE,TRUE)	AND(4<5,1)	AND(函数)
2	结果	FALSE	TRUE	TRUE	#NAME?
3	说明	一真一假两个逻辑值，结果为假	两个逻辑值全为真，结果为真	4<5为真，1为真，结果为真	参数包含非逻辑值，返回错误值

图 5-18

5.4.3 求并运算函数

OR 函数也是逻辑函数中的常用函数，用于判断其参数数组中是否存在逻辑值为真的情况，只要任何一个参数的逻辑值为真则返回 TRUE，否则返回 FALSE。其语法结构为：

OR(logical1,logical2,……)

logical1,logical2,……：待检测的逻辑表达式。该参数必须是逻辑值（1 ~ 255 个条件值）、包含逻辑值的数组或引用。如果数组或引用中包含文本或空白单元格，这些值将被忽略；如果指定的单元格区域包含非逻辑值，将返回错误值 "#VALUE!"。

OR 函数的使用效果如图 5-19 所示。

	A	B	C	D	E
1	函数(前面加=)	OR(TRUE,FALSE)	OR(FALSE,FALSE)	OR(4>5,0)	OR(4+5=9,0)
2	结果	TRUE	FALSE	FALSE	TRUE
3	说明	一真一假两个逻辑值，结果为真	两个逻辑值全为假，结果为假	4>5为假，0为假，结果为假	4+5=9为真，0为假，结果为真

图 5-19

5.4.4 求反运算函数

NOT 函数用于对参数的逻辑值进行求反。其语法结构为：

NOT(logical)

logical：可以计算出 TRUE 或 FALSE 的逻辑值或逻辑表达式。如果逻辑值为真则返回 FALSE，如果逻辑值为假则返回 TRUE。

NOT 函数的使用效果如图 5-20 所示。

	A	B	C	D	E
1	函数(前面加=)	NOT(FALSE)	NOT(TRUE)	NOT(4>5)	NOT(4+5=9)
2	结果	TRUE	FALSE	TRUE	FALSE
3	说明	FALSE为假，求反即为真	TRUE为真，求反即为假	4>5为假，求反即为真	4+5=9为真，求反即为假

图 5-20

> OR 函数的应用是很广泛的，例如在门禁系统中，判断持卡人是否在权限列表之内，只需要将有权限的卡号作为 OR 函数的条件就行了。OR 函数也可以用来制作小游戏，只有当玩家猜测的数字等于或大于某一范围中的任意一个数时才算猜中。

5.5 统计函数

数据统计是多数 Excel 用户的工作的重要组成部分之一，而统计函数也是最常用的函数之一。常用的统计函数有求和类，计数类，平均值、最大值与最小值类等。

5.5.1 最大值函数与最小值函数

1.MAX函数

MAX 函数用于返回一组数值中的最大值，忽略逻辑值和文本。其语法结构为：

MAX(number1,number2,……)

number1,number2,……：要计算最大值的 1 ～ 255 个数值参数，可以是数字或包含数字的名称、数组和引用。

MAX 函数的使用效果如图 5-21 所示。

	A	B	C	D	E
1	5	7	9	16	函数
2	函数(前面加=)	MAX(A1,B1,C1)	MAX(A1:D1)	MAX(A1,D1,80)	MAX(E1)
3	结果	9	16	80	0
4	说明	A1、B1、C1三个单元格中的最大值	A1:D1单元格区域中的最大值	A1:D1单元格区域和80中的最大值	参数中不包含数字，返回值为0

图 5-21

2.MIN函数

MIN 函数用于返回一组数值中的最小值，忽略逻辑值和文本。其语法结构为：

MIN(number1,number2,……)

number1,number2,……：要计算最小值的 1 ～ 255 个数值参数，可以是数字或包含数字的名称、数组和引用。

MIN 函数的使用效果如图 5-22 所示。

	A	B	C	D	E
1	4	7	9	-20	函数
2	函数（前面加=)	MIN(A1,B1,C1)	MIN(A1:E1)	MIN(A1:E1,1)	MIN(E1)
3	结果	4	-20	-20	0
4	说明	A1、B1、C1这三个单元格中的最小值	A1:E1单元格区域中的最小值	A1:E1单元格区域和1中的最小值	函数不包括数字，返回值为0

图 5-22

5.5.2 平均值函数

1.AVERAGE函数

AVERAGE 函数用于求选定区域数值的平均值。其语法结构为：

AVERAGE(number1,number2,……)

number1,number2,……：参与计算平均值的相关数字、单元格引用或单元格区域，最多包含 255 个。

AVERAGE 函数的使用效果如图 5-23 所示。

◢	A	B	C	D
1	4	8	函数	0
2	函数（前面加=）	AVERAGE(12,25,32)	AVERAGE(A1:B1)	AVERAGE(B1:D1)
3	结果	23	6	4
4	说明	12、25、32的平均值	A1:B1单元格区域中所有数据的平均值	B1:D1单元格区域中，文本、逻辑值被忽略，仅计算数据和0值

图 5-23

2.AVERAGEIF函数

AVERAGEIF 函数用于求某区域内满足指定条件的所有单元格的平均值。其语法结构为：

AVERAGEIF(range,criteria,average_range)

range：指定计算平均值的单元格或单元格区域，其中包含数字或包含数字的数组、名称或引用。如果为空值或文本值，将返回错误值 "#DIV/0!"。

criteria：指定选择的条件，形式为数字、表达式、单元格引用或文本。如果条件中的单元格为空单元格，则将其默认为 0 值。

average_range：计算平均值的实际单元格。

以图 5-24 所示的 "各部门工资表" 为例，AVERAGEIF 函数的使用效果如图 5-25 所示。

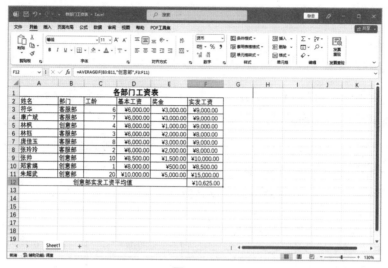

图 5-24

函数（前面加=）	AVERAGEIF(B3:B11,"创意部",F3:F11)		
结果	¥10,625.00		
说明	在B3:B11单元格区域寻找属于创意部的员工，分别为B5、B9、B10、B11，将对应的F3:F11单元格区域中的值求平均值		

图 5-25

5.5.3 统计个数函数

1.COUNT函数

COUNT 函数用于统计参数列表中包含数值的单元格的个数。其语法结构为：

COUNT(value1,value2,……)

value1,value2,……：需要统计的包含或引用各种数据类型的参数（1 ~ 255 个），且只统计数值类型的数据。

COUNT 函数的使用效果如图 5-26 所示。

	A	B	C
1	25	2023/6/13	函数
2	函数（前面加=）	COUNT(A1:C1)	COUNT(A1:C1,7)
3	结果	2	3
4	说明	统计A1:C1单元格区域中数值的个数，C1的文本被忽略了	A1:C1单元格区域中的数值个数，加上数值7，一共3个数值

图 5-26

2.COUNTA函数

COUNTA 函数用于统计参数列表中非空值单元格的个数。其语法结构为：

COUNTA(value1,value2,……)

value1,value2,……：需要统计的包含或引用各种数据类型的参数（1 ~ 255 个），包括文本、逻辑值、空文本等。只统计非空值类型的数据。

COUNTA 函数的使用效果如图 5-27 所示。

	A	B	C	D
1	25	2023/6/13	函数	
2	函数（前面加=）	COUNTA(A1:C1)	COUNTA(A1:D1)	COUNTA(A1:D1,7)
3	结果	3	3	4
4	说明	统计A1:C1单元格区域中非空的单元格个数	统计A1:D1单元格区域中非空的单元格个数，由于D1单元格为空值，故而被忽略	统计A1:D1单元格区域中非空的单元格个数，加上7，共4个

图 5-27

3.COUNTIF函数

COUNTIF 函数用于统计某区域内满足指定条件的所有单元格的个数。其语法结构为：

COUNTIF(range,criteria)

range：需要统计满足条件的单元格所在的单元格区域，其中包含数字或包含数字的数组、名称或引用。如果为空值或文本值，将被忽略。

criteria：确定哪些单元格被计算在内的条件，形式为数字、表达式、单元格引用或文本。

143

COUNTIF 函数的使用效果如图 5-28 所示。

	A	B	C	D
1	9	-3	Excel	-9
2	函数（前面加=）	COUNTIF(A1:D1,9)	COUNTIF(A1:D1,"<0")	COUNTIF(A1:D1,"?????")
3	结果	1	2	1
4	说明	返回等于9的单元格个数	返回负值的单元格个数	返回5个字符长度的文本个数

图 5-28

5.5.4 排序函数

RANK 函数用于表示一个数字在数字列表中的排位。其语法结构为：

RANK(number,ref,order)

number：需要统计排名的数值。

ref：统计数值在此区域中的排名，可以是单元格区域引用或区域名称。

order：指定排名的方式，1 表示升序，0 表示降序。如果省略该参数，则默认为降序排列；如果指定为非 0 值，则采用升序排列；如果指定数值以外的文本，则返回错误值"#VALUE!"。

RANK 函数的使用效果如图 5-29 所示。

	A	B	C	D
1	4	14	24	34
2	函数（前面加=）	RANK(A1,A1:D1,0)	RANK(A1,A1:D1,1)	RANK(14,A1:D1,1)
3	结果	4	1	2
4	说明	在A1:D1单元格区域中按降序进行排列，A1单元格中数值的排位	在A1:D1单元格区域中按升序排列，A1单元格中数值的排位	在A1:D1单元格区域中按升序排列，数值14的排位

图 5-29

实用贴士

在 AVERAGE 函数中，如果参数为空白单元格，就会被忽略，不作为计算对象。但是，空白单元格并不是 0，如果想要作为 0 进行计算，就必须在单元格内输入 0 才行。

5.6 数学与三角函数

数学与三角函数是快速取得平方根、条件求和等的函数，能帮助用户解决不少伤脑筋的数学问题，用途非常广泛。

5.6.1 求和函数

1.SUM函数

SUM 函数用来计算某一单元格区域中所有数值的和，是 Excel 中使用最多的函数之一。其语法结构为：

SUM(number1,number2,……)

number1：第一个需要相加的数值参数，是必需的。

number2,……：2 ~ 255 个参与求和的数值参数，是可选的。

SUM 函数的使用效果如图 5-30 所示。

	A	B	C	D	E
1	6		10	2023/6/13	
2	函数（前面加=）	SUM(4,A1)	SUM(A1:C1)	SUM("2",4)	SUM(A1,D1)
3	结果	10	16	6	45096
4	说明	参数可以是单元格的引用或者数字	引用中的逻辑值参数被忽略计算	直接输入的文本被计算	日期被转换为数字进行计算

图 5-30

2.SUMIF函数

SUMIF 函数是对区域中指定条件的数值求和。其语法结构为：

SUMIF(range,criteria,sum_range)

range：按条件计算求和的单元格区域。每个区域中的单元格都必须是数字或名称、数组或包含数字的引用。空值和文本值将被忽略计算。

criteria：求和条件，形式为数字、表达式、文本、函数或单元格引用。

sum_range：求和的实际单元格区域。如果省略该参数，就会将条件区域作为实际求和区域。

以图 5-31 所示的"各部门工资表"为例，SUMIF 函数的使用效果如图 5-32 所示。

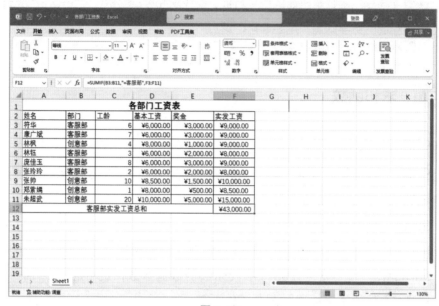

图 5-31

函数（前面加=）	SUMIF(B3:B11,"=客服部",F3:F11)			
结果	¥43,000.00			
说明	先在B3:B11单元格区域中查找含有"客服部"的单元格，共查找到5个单元格，将这5个单元格相对应的F3:F11单元格区域中的数据相加，即得到客服部实发工资总和。公式中的"=客服部"也可以为"客服部"			

图 5-32

5.6.2 绝对值函数

ABS 函数用来返回数字的绝对值，其中绝对值没有符号。其语法结构为：

ABS(number)

number：需要计算其绝对值的实数。

ABS 函数的使用效果如图 5-33 所示。

	A	B	C	D	E	F
1		6	-6	0		
2	函数（前面加=）	ABS(6)	ABS(-6)	ABS(0)	ABS(B1)	ABS(C1-B1)
3	结果	6	6	0	6	12
4	说明	正数的绝对值是其本身	负数的绝对值去掉负号	0的绝对值是0	参数可以是单元格的引用	参数可以是表达式

图 5-33

5.6.3 随机数函数

RAND 函数是一个没有参数的函数，用于返回大于等于 0 及小于 1 的均匀分布的随机实数，工作表每次计算时都会返回一个新的数值。其语法结构为：

RAND()

RAND 函数的使用效果如图 5-34 所示。

	A	B	C	D
1	函数（前面加=）	RAND()	RAND()*5	RAND()*(100-1)+1
2	结果	0.981983803	4.017332673	54.92258106
3	说明	生成一个0~1之间的随机实数	生成一个扩大了5倍的实数	生成一个1~100之间的随机实数

图 5-34

实用贴士

SUM 函数中的参数（也就是被求和的单元格或单元格区域）不能超过 30 个。也就是说，SUM 函数的括号内出现的分隔符不能超过 29 个，否则系统就会提示参数太多。

5.7 查找与引用函数

查找与引用函数也是常用的函数。用户想要在数据清单或表格中查找指定数据，或者需要查找某一单元格的引用时，就要用到查找与引用函数。

5.7.1 查找函数

VLOOKUP 函数用于在表格或数值数组的首列查找指定的数值，并返回表格或数组当前行中对应列的数值。其语法结构为：

VLOOKUP(lookup_value,table_array,col_index_num,range_lookup)

lookup_value：要在数据表第一列中查找的数值，形式为数字、文本、逻辑值、包含数值的名称或对值的引用。

table_array：需要在其中查找数据的数据表，可以使用单元格区域和对单元格引用的名称。

col_index_num：在 table_array 中指定的返回匹配值的列序号。如果参数为 1，则返回 table_array 第一列中对应的数值；参数为 2，则返回 table_array 第二列中对应的数值，以此类推。如果参数小于 1，则返回错误值"#VALUE!"；如果参数大于 table_array 的列数，则返回错误值"#REF!"。

range_lookup：逻辑值，指明函数查找时是精确匹配，还是近似匹配。如果是 TRUE 或 1 或省略，则表明近似匹配，也就是在找不到精确匹配值时，返回小于 lookup_value 的最大数值。在使用近似匹配时，参数 table_array 数据表必须按照查找列进行升序排列。如果是 FALSE 或 0，则返回精确匹配值，如果找不到对应数值，则返回错误值"#N/A"。

以图 5-35 所示的"各部门工资表"为例，VLOOKUP 函数的使用效果如图 5-36 所示。

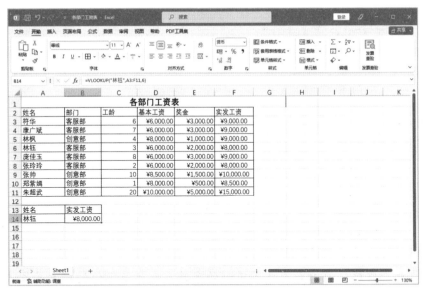

图 5-35

	A	B	C	D
1	函数（前面加=）	VLOOKUP("林钰",A3:F11,6)		
2	结果	¥8,000.00		
3	说明	在A14单元格输入要查找的员工"林钰"，A3:F11单元格区域是要查找的范围和返回值范围，6是返回值所在的列号。如果想要精确匹配，可以在6后面输入FALSE或0		

图 5-36

5.7.2 引用函数

ROW 函数是 Excel 中的基础函数之一，用于返回指定单元格引用的行号。其语法结构为：

ROW(reference)

reference：需要得到其行号的单元格或单元格区域，不支持多区域引用。如果省略该参数，则默认为对函数 ROW 所在单元格的引用。如果该参数为一个单元格区域，且 ROW 作为垂直数组输入，则 ROW 将以垂直数组的形式返回 reference 的行号。

ROW 函数的使用效果如图 5-37 所示。

	A	B	C	D
1				
2	函数（前面加=）	ROW()	ROW(B2)	ROW(A1:B2)
3	结果	2	2	1
4				2
5	说明	省略参数，表示对函数ROW所在单元格的引用的行号	B2单元格所在的行号	参数为单元格区域，且函数ROW作为垂直数组输入，则返回垂直数组

图 5-37

实用贴士

　　VLOOKUP 函数功能强大，语法结构简单易学，因而深受欢迎。但是，新手使用 VLOOKUP 函数时总容易出错，有时是因为存在空格，有时是存在看不到的字符，有时是数值的格式为文本，更多的是因为要查找的数值不在数据区域的第一列。经过长期频繁使用，才能尽量避免这些问题的出现。

5.8 文本函数

　　文本函数是在公式中处理文本字符串的函数，常用于截取字符串中指定长度的字符或改变其显示格式，或者返回字符首次出现的位置等。

5.8.1 截取字符函数

1.LEFT函数

　　LEFT 函数用于从一个文本字符串左面的第一个字符开始返回指定个数的字符。其语法结构为：

　　LEFT(text,num_chars)

　　text：需要截取的文本字符串。

　　num_chars：需要截取字符串的个数。如果省略该参数，则默认返回 1

个字符；如果为 0，则返回空单元格；如果大于文本长度，则返回所有字符。

LEFT 函数的使用效果如图 5-38 所示。

	A	B	C	D	E
1				Excel函数	
2	函数（前面加=)	LEFT(D1,2)	LEFT(D1,0)	LEFT(D1,9)	LEFT(D1)
3	结果	Ex		Excel函数	E
4	说明	从左面返回2个字符	要截取的字符串个数为0, 返回空白单元格	要截取的字符串长度(9)大于文本长度(7), 返回所有字符	默认从左面返回1个字符

图 5-38

2.RIGHT函数

RIGHT 函数与 LEFT 函数正好相反，用于从一个文本字符串右面的第一个字符开始返回指定个数的字符。其语法结构为：

RIGHT(text,num_chars)

text：需要截取的文本字符串。

num_chars：需要截取字符串的个数。如果省略该参数，则默认返回 1 个字符；如果为 0，则返回空单元格；如果大于文本长度，则返回所有字符。

RIGHT 函数的使用效果如图 5-39 所示。

	A	B	C	D	E
1				Excel函数	
2	函数（前面加=)	RIGHT(D1,2)	RIGHT(D1,0)	RIGHT(D1,9)	RIGHT(D1)
3	结果	函数		Excel函数	数
4	说明	从右面返回2个字符	要截取的字符串个数为0, 返回空白单元格	要截取的字符串长度(9)大于文本长度(7), 返回所有字符	默认从右面返回1个字符

图 5-39

3.MID函数

MID 函数用于从文本字符串中指定的起始位置开始返回指定个数的字符。其语法结构为：

MID(text,start_num,num_chars)

text：需要截取的文本字符串。

start_num：文本中要截取的第 1 个字符的位置。如果大于文本长度，则返回空单元格；如果为 1，则函数作用等同于 LEFT 函数；如果小于等于 0，则返回错误值 "#VALUE!"。

num_chars：需要截取字符串的个数。

MID 函数的使用效果如图 5-40 所示。

	A	B	C	D	E
1				Excel函数	
2	函数（前面加=）	MID(D1,6,2)	MID(D1,9,2)	MID(D1,4,5)	MID(D1)
3	结果	函数		el函数	#VALUE!
4	说明	从左面第6个字符开始返回2个字符	要截取的第一个字符的位置（9）大于文本长度（7），返回空白单元格	从左面第4个字符开始，截取的字符长度（5）大于文本剩余长度（4），返回剩余所有文本	要截取的第1个字符的位置为0，返回错误值

图 5-40

5.8.2 数字与文本转换函数

TEXT 函数将数值转换为按指定数字格式表示的文本。其语法结构为：

TEXT(value,format_text)

value：要进行转换的数值，可以是数值、对包含数字值的单元格的引用或计算结果为数字值的公式。

format_text：要转换的数字格式，可以是【设置单元格格式】对话框的【数字】选项下【分类】列表框中的文本形式数值格式，但不能包含 "*"。

TEXT 函数的使用效果如图 5-41 所示。

	A	B	C
1		1493	
2	函数（前面加=）	TEXT(B1,"0.0")	TEXT(B1,"0.0%")
3	结果	1493.0	149300.0%
4	说明	将B1单元格中的数字转换为0.0格式显示的文本	将B1单元格中的数字转换为0.0%格式显示的文本

图 5-41

5.8.3　大小写转换函数

1.UPPER函数

UPPER 函数将一个字符串中的所有小写字母转换为大写字母，不改变原字符串中非字母字符。其语法结构为：

UPPER(text)

text：要转换为大写字母的文本，可以是文本字符串或单元格引用。

UPPER 函数的使用效果如图 5-42 所示。

	A	B	C	D	E
1		long time	LONG time	long 时间	LONG 时间
2	函数（前面加=）	UPPER(B1)	UPPER(C1)	UPPER(D1)	UPPER(E1)
3	结果	LONG TIME	LONG TIME	LONG 时间	LONG 时间
	说明	将单元格中的小写字母全部转换为大写字母	将单元格中的小写字母转换为大写字母	只将单元格里的小写字母转换为大写字母，不改变非字母字符	不改变非字母字符

图 5-42

2.LOWER函数

LOWER 函数与 UPPER 函数正好相反，是将一个字符串中的所有大写字母转换为小写字母，不改变原字符串中非字母字符。其语法结构为：

LOWER(text)

text：要转换为小写字母的文本，可以是文本字符串或单元格引用。

LOWER 函数的使用效果如图 5-43 所示。

	A	B	C	D	E
1		LONG TIME	LONG time	long 时间	LONG 时间
2	函数（前面加=）	LOWER(B1)	LOWER(C1)	LOWER(D1)	LOWER(E1)
3	结果	long time	long time	long 时间	long 时间
4	说明	将单元格中的大写字母全部转换为小写字母	将单元格中的大写字母转换为小写字母	不改变非字母字符	只将单元格里的大写字母转换为小写字母，不改变非字母字符

图 5-43

5.8.4　文本替换函数

REPLACE 函数用于将文本字符串中指定起始位置和指定长度的文本替

换为新文本。其语法结构为：

REPLACE(old_text,start_num,num_chars,new_text)

old_text：包含要被 new_text 替换的文本的原文本字符串。

start_num：要被 new_text 替换的 old_text 中文本字符的起始位置。

num_chars：要被 new_text 替换的 old_text 中文本字符的个数。

new_text：用于替换 old_text 中字符的新文本字符串。

REPLACE 函数的使用效果如图 5-44 所示。

	A	B	C	D
1			下周末我要去爬泰山！	
2	函数（前面加=）		REPLACE(B1,7,3,"游长江")	
3	结果		下周末我要去游长江！	
	说明		用文本"游长江"，替换掉B1单元格中文本字符串从第7个字符开始的、长度为3的文本"爬泰山"	

图 5-44

5.8.5 清除空格函数

TRIM 函数表示除了单词之间的单个空格，清除文本中所有的空格。其语法结构为：

TRIM(text)

text：要清除空格的文本。

TRIM 函数的使用效果如图 5-45 所示。

	A	B	C
1		Knowledge is power	
2	函数（前面加=）	TRIM(B1)	TRIM("Knowledge is")
3	结果	Knowledge is power	Knowledge is
	说明	删除B1单元格中的首尾空格，并在多个连续空格中保留最前面的一个（即保留英文单词间的空格），其余删除	删除参数中首尾的空格

图 5-45

实用贴士　　TEXT 函数是 Excel 中一个非常普通的函数，它的参数只有2个，却是个不折不扣的"多面手"。TEXT 函数除了能进行数字与文本的转换，还能进行日期转换，并能替代 IF 函数求得需要的结果等。举例来说，我们想知道某工作表中 A1 单元格中的日期是星期几，就可以使用公式 =TEXT(A2,"aaaa")，快速判断出那一天是星期几。

Chapter

06

第 6 章

图表的应用

导读 ▷

如果将EXCEL中的数据变成一目了然的图形，在总结数据相互关系时肯定特别有用。实际上，这种图形确实存在，那就是图表。运用图表，有助于发现容易被忽视的趋势和模式，是工作的有力助手。

学习要点：★掌握认识图表
　　　　　★掌握创建图表的方法
　　　　　★掌握编辑图表的方法

6.1 认识图表

图表是 Excel 提供的一种方便、快捷的数据可视化分析工具，能将一连串的数字或文本转化为生动的图像，便于理解。

6.1.1 图表的构成元素

图表通常由图表区、绘图区、图表标题、图例、坐标轴、数据系列、数据标签、网格线等元素构成。

◆图表区：即整个图表的所有元素所处的区域，包括图表的外在形式以及数据信息、说明信息等。

◆绘图区：图表区域中的矩形区域，用于绘制数据系列、坐标轴、网格线等。

◆图表标题：用来指定图表主题的说明性的文本，通常自动和坐标轴对齐，或者在图表顶部居中。

◆图例：对图表中数据系列的图案、颜色等所代表的内容与指标的说明，有助于更好地认识图表。

◆坐标轴：分为纵坐标轴（通常为分类轴，表示图表中需要对比观察的对象）和横坐标轴（通常为数值轴，用来表示数据大小），用来定义图表的一组数据或一个数据系列。

◆数据系列：表示一组相关的数据点，对应着工作表中数据的行或列，并用系列的方式在图表中显示出点、线、面等图形。

◆数据标签：显示每个图表单元格的实际值，图表类型不同，可选择的数据标签值及数据标签位置也会改变。

◆网格线：使用网格线，便于观察数据的大小，分为水平网格线和垂直网格线，又各自由主要网格线和次要网格线组成。

6.1.2 图表的类型

应对不同的工作要求，Excel 提供了大量不同的图表类型，包括柱形图、折线图、饼图、条形图、面积图、XY 散点图、雷达图、瀑布图、漏斗图、组合图等标准的图表类型，如图 6-1 所示。这些图表类型下还有三维簇状柱形图、百分比堆积条形图、三维饼图等数十种子图表类型，此外还有多种自定义图表类型。下面主要介绍一下柱形图、折线图、饼图、条形图、面积图、XY 散点图、漏斗图和组合图。

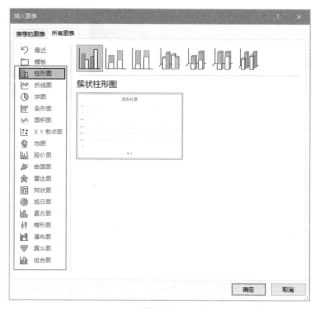

图 6-1

1.柱形图

柱形图是常用的图表之一，也是 Excel 默认的图表类型，主要用来显示一段时间内数据的变化，也可以用来显示不同项目之间的对比。柱形图的子图表类型用途也较为广泛，主要有簇状柱形图、堆积柱形图、百分比堆积柱形图、三维簇状柱形图、三维堆积柱形图、三维百分比堆积柱形图和三维柱形图等。

以图 6-2 所示的"销售情况表"为例，如图 6-3 所示为簇状柱形图、如图 6-4 所示为堆积柱形图、如图 6-5 所示为三维簇状柱形图。

	A	B	C
1	销售情况表		
2	产品	销售计划	销售实绩
3	洗发水	3000	3200
4	牙膏	2200	2540
5	洗衣液	2400	2350
6	洗衣粉	2000	2150

图 6-2

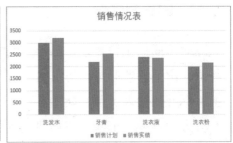

图 6-3

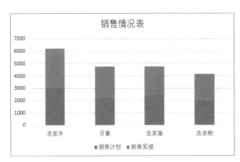

图 6-4

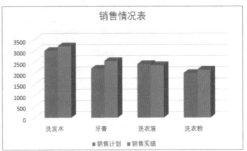

图 6-5

2.折线图

折线图主要用来显示随时间而变化的连续数据，也可以显示相同时间间隔内的数据变化趋势。折线图的子图表类型主要有折线图、堆积折线图、百分比堆积折线图、带数据标记的折线图、带标记的堆积折线图、带数据标记的百分比堆积折线图和三维折线图等。

以上图 6-2 所示的"销售情况表"为例，如图 6-6 所示为折线图，如图 6-7 所示为三维折线图。

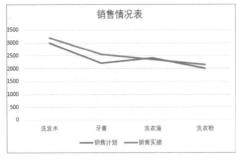

图 6-6

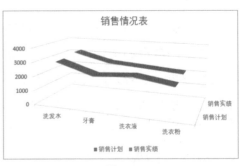

图 6-7

3.饼图

饼图是常用图表之一，主要用来显示数据系列的组成结构，以及部分在整体中的占比情况等。饼图的子图表类型主要有饼图、三维饼图、子母饼图、复合条饼图和圆环图等。

以上图 6-2 所示的"销售情况表"为例，如图 6-8 所示为三维饼图，如图 6-9 所示为圆环图。

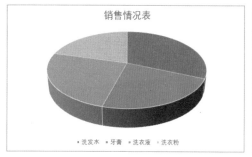

图 6-8

图 6-9

4.条形图

条形图类似柱形图，都是显示一段时间内数据变化及不同项目之间的对比的。不过与柱形图不同的是，条形图一般沿分类轴显示数值、沿数值轴显示类别。条形图的子图表类型主要有簇状条形图、堆积条形图、百分比堆积条形图、三维簇状条形图、三维堆积条形图和三维百分比堆积条形图等。

以上图 6-2 所示的"销售情况表"为例，如图 6-10 所示为簇状条形图，如图 6-11 所示为三维簇状条形图。

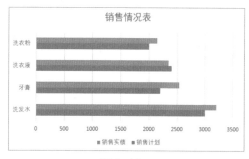

图 6-10

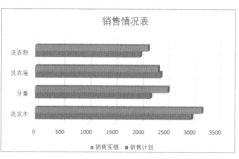

图 6-11

5.面积图

面积图主要由折线和分类轴等组成，能够显示一系列数值随时间而变化的程度，能够引起人们对总值趋势的注意。面积图的子图表类型主要有面积图、堆积面积图、百分比堆积面积图、三维面积图、三维堆积面积图和三维百分比堆积面积图等。

以上图 6-2 所示的"销售情况表"为例，如图 6-12 所示为面积图，如图 6-13 所示为三维面积图。

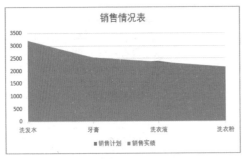 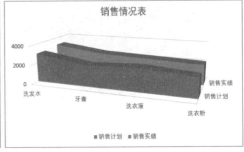

图 6-12   图 6-13

6.XY散点图

XY 散点图用于显示若干数据系列中各项数值之间的关系，或者将两组数据绘制成一个 X、Y 坐标的数据系列。XY 散点图的子图表类型主要有带平滑线和数据标记的散点图、带平滑线的散点图、带直线和数据标记的散点图、带直线的散点图、气泡图和三维气泡图等。

以上图 6-2 所示的"销售情况表"为例，如图 6-14 所示为带平滑线和数据标记的散点图。

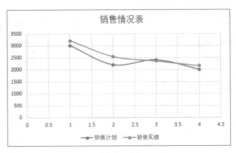

图 6-14

7.漏斗图

漏斗图是展现数据的细分和溯源过程的图表，应用非常广泛，在作业管理领域尤其受到重视。漏斗图没有子类型图表。

以上图 6-2 所示的"销售情况表"为例，如图 6-15 所示为漏斗图。

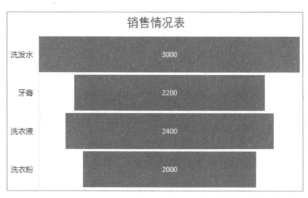

图 6-15

8.组合图

组合图是在一个图表中包含两种或两种以上的图表类型，例如同时具备折线系列和柱形系列等，适用于数据变化大或混合类型的数据。组合图的子图表类型主要有簇状柱形图－折线图、簇状柱形图－次坐标轴上的折线图、堆积面积图－簇状柱形图和自定义组合等。

以上图 6-2 所示的"销售情况表"为例，如图 6-16 所示为簇状柱形图－折线图，如图 6-17 所示为堆积面积图－簇状柱形图。

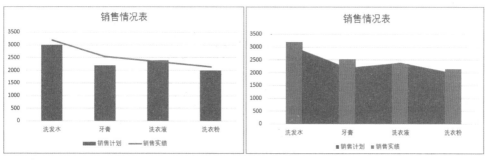

图 6-16   图 6-17

输入图表标题，有时候会比较麻烦。这时候可以引用单元格的内容，方法是单击图表标题位置，在编辑栏输入"= 含有标题内容的单元格"，按【Enter】键即可。此后用户修改了标题所在的单元格的内容后，图表标题也会随之改变。

6.2　创建图表

　　图表的基础是数据，如果想要创建图表，首先需要制作一个数据表格或打开一个已做好的数据表格。创建图表可以使用快捷键、功能区、对话框三种方法，下面以图6-2所示的"销售情况表"为例进行介绍。

6.2.1　使用快捷键创建图表

　　创建图表可以使用【Alt+F1】组合键创建嵌入式图表，也可以使用【F11】键创建图表工作表。

　　使用【Alt+F1】组合键创建图表的操作步骤如下：

1️⃣　打开工作表，按住【Ctrl】键，选择要创建图表的A2:A6单元格区域和C2:C6单元格区域，如图6-18所示。

	A	B	C
1	销售情况表		
2	产品	销售计划	销售实绩
3	洗发水	3000	3200
4	牙膏	2200	2540
5	洗衣液	2400	2350
6	洗衣粉	2000	2150

图 6-18

2️⃣　按【Alt+F1】组合键，系统就会自动创建一个柱形图，分类轴为"产品"，数值轴为"销售实绩"，图表标题为"销售实绩"，如图6-19所示。

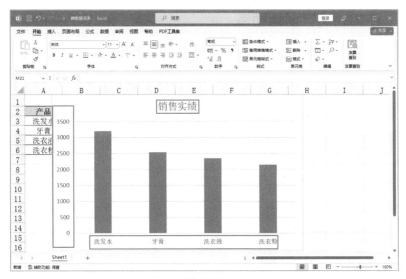

图 6-19

使用【F11】键创建图表工作表的操作步骤如下：

1. 打开工作表，按住【Ctrl】键，选择要创建图表的A2:A6单元格区域和C2:C6单元格区域。

2. 按【F11】键，系统就会自动插入一个新工作表"Chart1"，并在该工作表中创建一个柱形图，分类轴为"产品"，数值轴为"销售实绩"，图表标题为"销售实绩"，如图6-20所示。

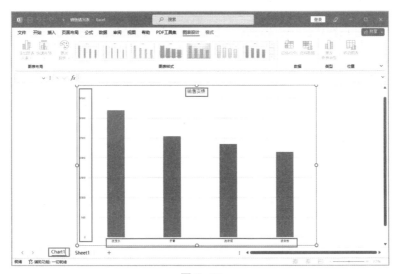

图 6-20

6.2.2 使用功能区创建图表

使用功能区创建图表的操作步骤如下:

1 打开工作表,选中A2:C6单元格区域,在【插入】选项卡下的【图表】选项组中,单击【插入柱形图或条形图】下拉按钮,如图6-21所示。

图 6-21

2 在下拉列表中选择合适的图表类型,这里选择【二维柱形图】下的【百分比堆积柱形图】,如图6-22所示。

3 创建的图表如图6-23所示。

图 6-22

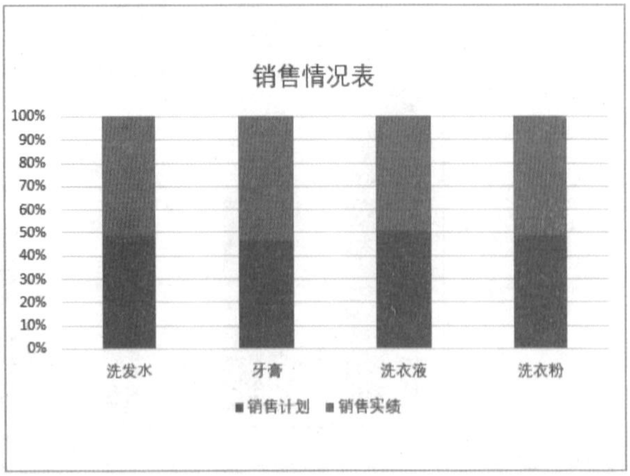

销售情况表

图 6-23

6.2.3　使用对话框创建图表

除了上述两种方法，还可以使用对话框创建图表，操作步骤如下：

1　打开工作表，选择A2:C6单元格区域，在【插入】选项卡下的【图表】选项组中单击【推荐的图表】按钮，或单击【图表】选项组右下角的对话框启动器按钮，如图6-24所示。

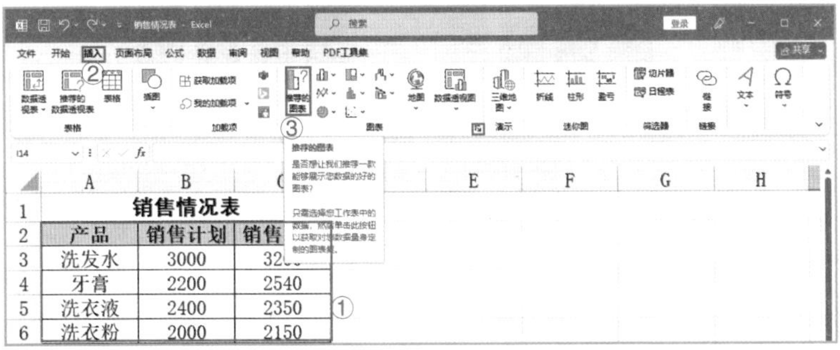

图 6-24

2　弹出【插入图表】对话框，可以在【推荐的图表】选项卡下选择需要的图表类型，也可以单击【所有图表】选项卡，先从左侧选择所需要的图表类型，再从右侧选择所需要的子类型。这里在【所有图表】选项卡下，选择左侧的【柱形图】，再从右侧选择【簇状柱形图】，单击【确定】按钮，如图6-25所示。

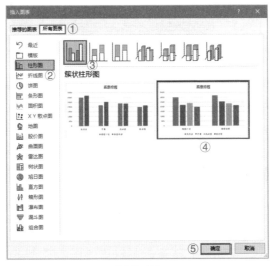

图 6-25

③ 完成图表创建，更改图表标题，结果如图6-26所示。

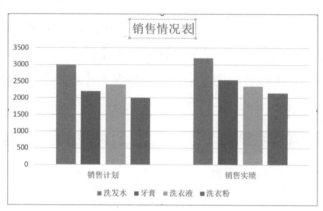

销售情况表

图 6-26

除了普通的图表，Excel 还提供了图形简洁、类型简单的迷你图。迷你图没有标题、图例、网格线等图表元素，且只提供折线图、柱形图、盈亏图这三种类型。迷你图的创建非常简单，选择单元格之后，在【插入】选项卡下的【迷你图】选项组中选择一种图表类型即可进行创建。

6.3 编辑图表

在完成图表的创建后，往往需要对图表的类型、数据、布局、格式等进行适当的调整，使其更直观地显示数据信息。

6.3.1 编辑图表样式

1.更改图表类型

创建图表后，如果对其不满意，可以更改图表类型。如对上图 6-26 所示的图表进行更改，操作步骤如下：

1️⃣ 选中图表，单击鼠标右键，从弹出的快捷菜单中选择【更改图表类型】命令，如图6-27所示。

2️⃣ 弹出【更改图表类型】对话框，单击【所有图表】选项卡，从左侧选择所需的图表类型，如【折线图】选项，然后从右侧单击如【折线图】按钮，从中选择合适的选项，单击【确定】按钮，如图6-28所示。

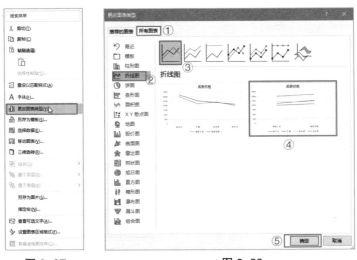

图 6-27　　　　　　　　　　　图 6-28

3️⃣ 便可看到更改后的图表类型，如图6-29所示。

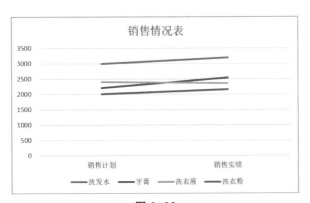

图 6-29

2.调整图表数据

创建好图表后，可以对图表的数据进行调整，如进行切换行/列操作，可交换图表坐标轴上的数据，也可以使用【选择数据源】对话框对图表数据区域、图例项（系列）、水平（分类）轴标签的内容进行修改。这里以上图6-29所示的图表为例，切换行/列操作步骤如下：

1. 选中图表，在【图表设计】选项卡下的【数据】选项组中，单击【切换行/列】按钮，如图6-30所示。

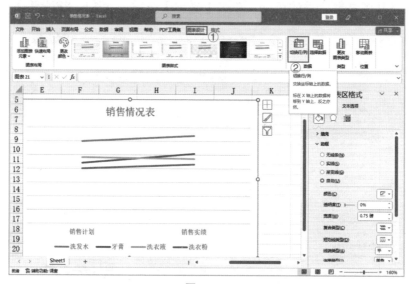

图 6-30

2. 此时便可看到，图表中行与列的数据进行了交换，如图6-31所示。

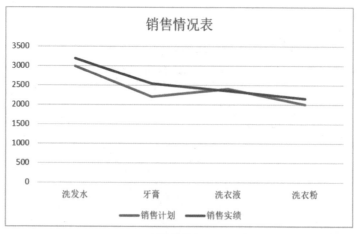

图 6-31

使用【选择数据源】对话框的操作步骤如下：

1 选中图表，在【图表设计】选项卡下的【数据】选项组中，单击【选择数据】按钮，如图6-32所示。

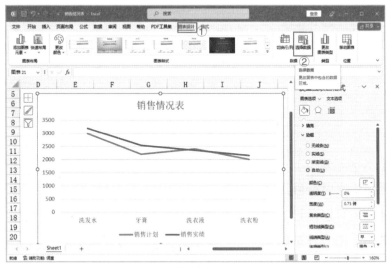

图 6-32

2 弹出【选择数据源】对话框，在【图表数据区域】文本框中输入或选择需要绘制图表的数据区域，在【图例项（系列）】列表框中勾选或取消勾选某个或某些数据系列，便可在图表中显示或隐藏相应的数据系列，比如取消勾选【销售计划】，单击【确定】按钮，如图6-33所示。

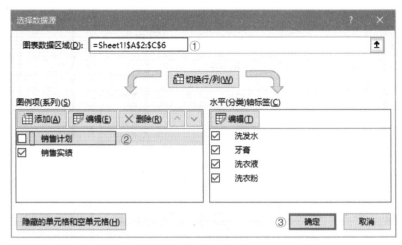

图 6-33

3 最终效果如图6-34所示。

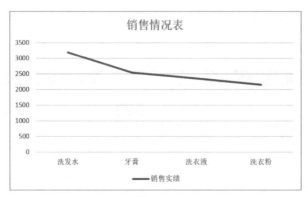

图 6-34

在【水平（分类）轴标签】列表框中勾选或取消勾选数据选项的操作步骤与此相同，这里不再赘述。

另外，还可以通过【图表筛选器】对数据系列和分类进行筛选。选中图表后，单击【图表筛选器】按钮，然后在列表中勾选或取消勾选【系列】区域和【类别】区域中要显示或隐藏的数据选项，单击【应用】按钮即可，如图 6-35 所示。

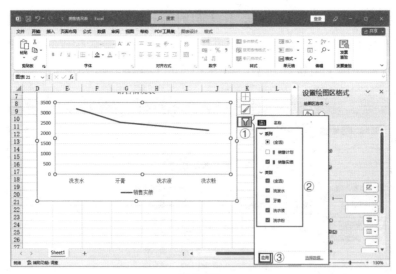

图 6-35

4 如果不想要某个数据系列，可以在【选择数据源】对话框的【图例项（系列）】列表框中选中该系列，单击【删除】按钮即可，如图6-36所示。

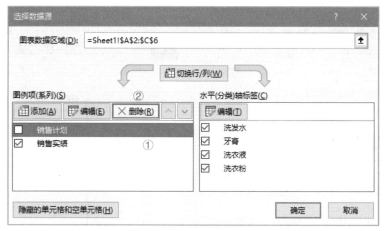

图 6-36

5　如果要添加或编辑某个数据系列，可以单击【添加】或【编辑】按钮，弹出【编辑数据系列】对话框，然后分别输入或选择用于【系列名称】和【系列值】的数据区域，来添加或编辑数据系列，单击【确定】按钮，如图6-37所示。

6　编辑【水平（分类）轴标签】的操作步骤与此相类似，单击【选择数据源】对话框中的【编辑】按钮，弹出【轴标签】对话框，然后输入或选择用于【轴标签区域】的数据区域，单击【确定】按钮，如图6-38所示。

图 6-37　　　　　　　　　　　图 6-38

3.移动图表位置

图表可以在同一工作表内移动，也可以在不同工作表之间移动。

在同一工作表内移动的操作步骤如下：

1　选中图表，图表四周就会出现8个控制点，鼠标指针移到图表区，指针会变成【✥】形状，如图6-39所示。

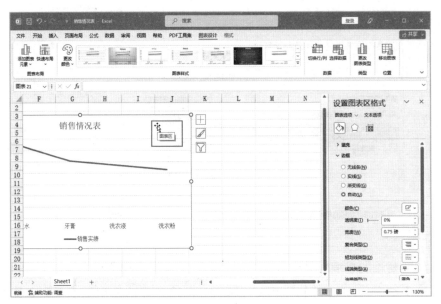

图 6-39

2 按住鼠标左键，移动图表到合适的位置，松开鼠标左键即可。

在不同工作表之间移动的操作步骤如下：

1 选中图表，在【图表设计】选项卡下的【位置】选项组中，单击【移动
图表】按钮，如图6-40所示。

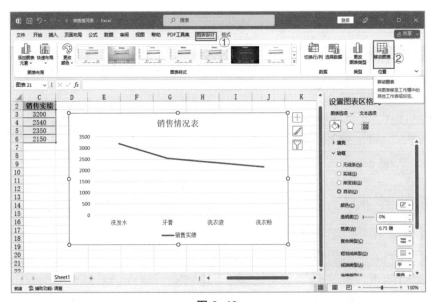

图 6-40

② 弹出【移动图表】对话框，单击【新工作表】单选按钮，然后在其文本框中输入图表移动的目标，即新工作表的名称，如"销售情况表"，单击【确定】按钮，如图6-41所示。

图 6-41

③ 便可看到新建的名为"销售情况表"的工作表，且图表移到了该工作表，如图6-42所示。

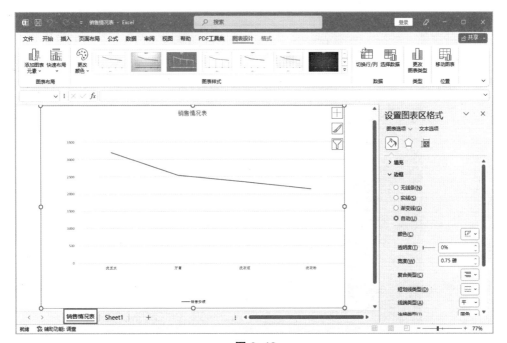

图 6-42

4.应用图表样式

Excel 内置有 13 种图表样式，创建图表后，可以为图表快速应用一种图表样式，操作步骤如下：

① 选中图表，在【图表设计】选项卡下的【图表样式】选项组的列表框中，选择一种合适的样式，这里选择【样式3】，如图6-43所示。

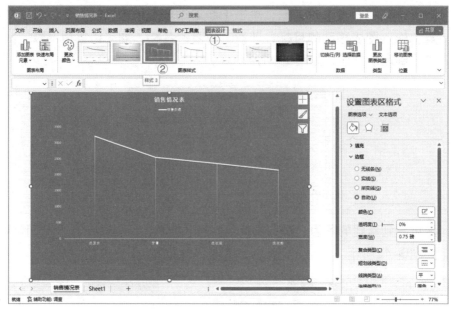

图 6-43

2 应用效果如图6-44所示。

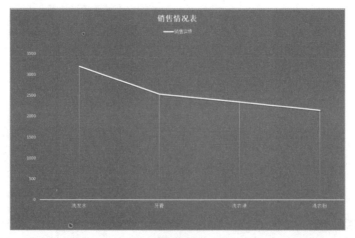

图 6-44

6.3.2 设置图表布局

创建图表后，一般都包含较常用的大部分元素，如图表标题、坐标轴、网格线、图例等。一般情况下，图表标题系统默认在图表上方，图例系统默认在图表下方。如果没有，就需要添加相关元素。这里以添加数据标签和数据表为例，详细讲解添加的方法步骤。

1.添加数据标签

添加数据标签的操作步骤如下：

1 选中需要添加数据标签的图表，在【图表设计】选项卡下的【图表布局】选项组中，单击【添加图表元素】下拉按钮，在下拉列表中选择【数据标签】选项，再在子列表中选择【上方】选项，如图6-45所示。

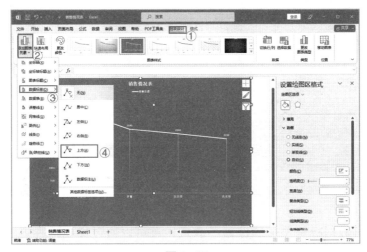

图 6-45

2 添加数据标签后的效果如图6-46所示。

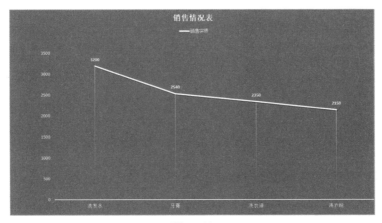

图 6-46

3 也可以在选中需要添加数据标签的图表后，单击【图表元素】按钮，在展开的列表中勾选【数据标签】，然后单击其右侧的三角按钮，在展开的列表中选择【上方】选项，如图6-47所示。

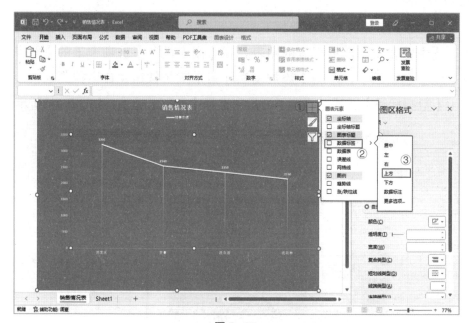

图 6-47

如果对数据标签添加的位置不满意，还可以通过如上两种方法步骤调整至合适的位置。

2.添加数据表

添加数据表的操作步骤如下：

1 选中需要添加数据表的图表，在【图表设计】选项卡下的【图表布局】选项组中，单击【添加图表元素】下拉按钮，在下拉列表中选择【数据表】选项，再在子列表中选择【显示图例项标示】选项，如图6-48所示。

2 添加数据表后的效果如图6-49所示。

3 也可以在选中需要添加数据表的图表后，单击【图表元素】按钮，在展开的列表中勾选【数据表】，然后点击其右侧的三角按钮，在展开的列表中选择【显示图例项标示】选项，如图6-50所示。

添加其他元素同样可通过以上两种方法进行添加，步骤基本相同，这里不再赘述。

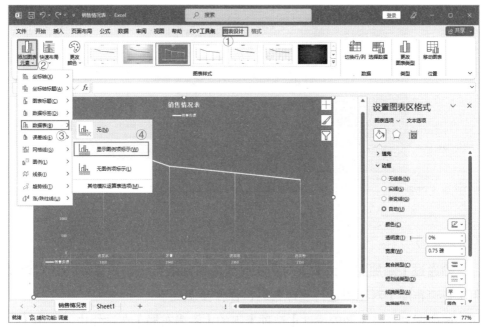

图 6-48

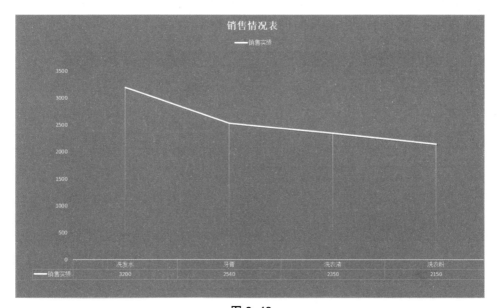

图 6-49

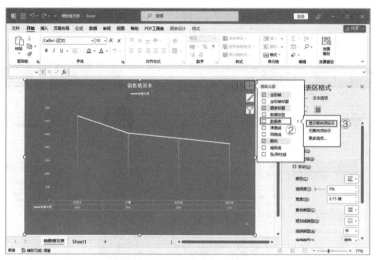

图 6-50

3.快速布局

除通过【添加图表元素】对图表元素的布局进行一一设置外，还可以使用【快速布局】对图表进行整体布局，操作步骤如下：

1️⃣ 选中图表，在【图表设计】选项卡下的【图表布局】选项组中，单击【快速布局】下拉按钮，在下拉列表中的12种布局中选择一种合适的布局，如选择【布局7】，如图6-51所示。

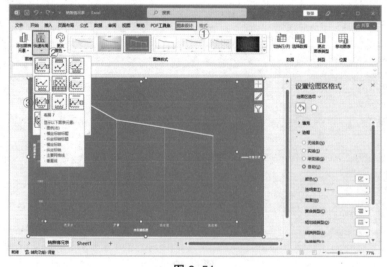

图 6-51

2　设置效果如图6-52所示。

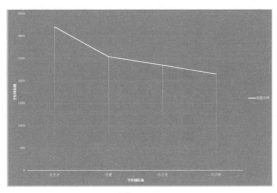

图 6-52

6.3.3 设置图表格式

通过【格式】选项卡，可以对图表的格式进行设置，如设置图表的形状样式、艺术字样式，更改排列顺序、大小等。

1.设置图表形状样式

设置图表形状样式的操作步骤如下：

1　打开图表，在图表区域选中"绘图区"，然后在【格式】选项卡下的【形状样式】选项组中，单击【快速样式】按钮，如图6-53所示。

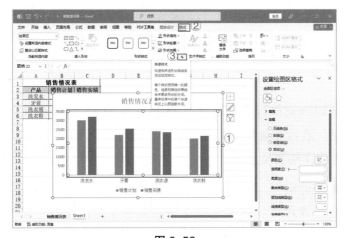

图 6-53

2 打开样式库，在Excel默认【主题样式】中选择一种合适的形状样式，这里选择【中等效果–橙色，强调颜色6】，如图6–54所示。

图 6–54

3 设置效果如图6–55所示。

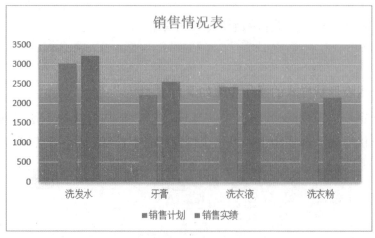

图 6–55

也可以通过分别执行【形状填充】【形状轮廓】【形状效果】命令，来设置形状的边框、底纹和效果等样式格式，操作步骤如下：

1 打开图表，在图表区域选中【绘图区】，然后在【格式】选项卡下的【形状样式】选项组中，单击【形状填充】下拉按钮，在下拉列表中选择合适的颜色和纹理等，这里选择【主题颜色】中的【红色，个性色2，淡色80%】，如图6–56所示。

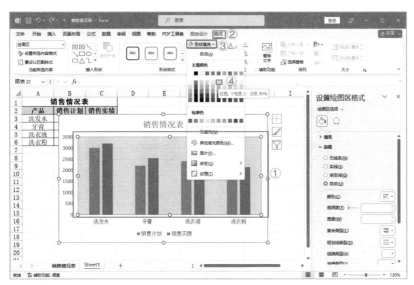

图 6-56

2 然后单击【形状效果】下拉按钮，在下拉列表中选择合适的效果，如选择【阴影→透视：右下】选项，如图6-57所示。

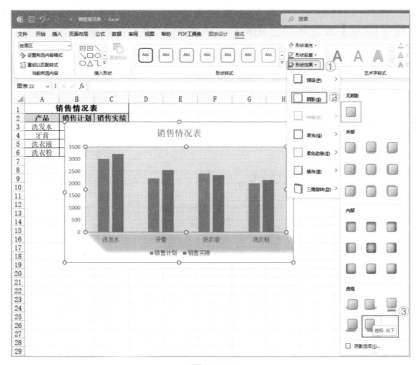

图 6-57

181

③ 设置效果如图6-58所示。

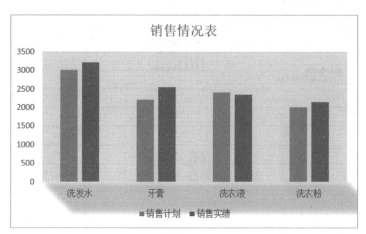

图 6-58

2.设置艺术字样式

设置艺术字样式的操作步骤如下：

① 选中图表中的图表标题，在【开始】选项卡下设置字体、字号等，这里设置字体为【方正黑体_GBK】、字号为【18】，如图6-59所示。

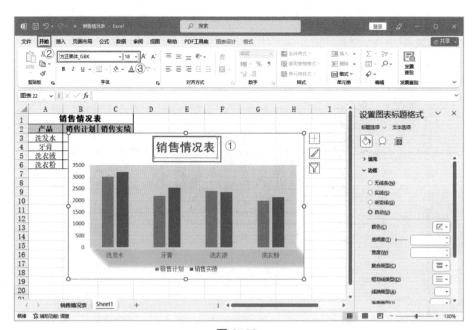

图 6-59

2 然后在【格式】选项卡下的【艺术字样式】选项组中，单击【快速样式】
下拉按钮，在下拉列表中选择合适的艺术字样式，这里选择【填充：紫色，
主题色4；软棱台】，如图6-60所示。

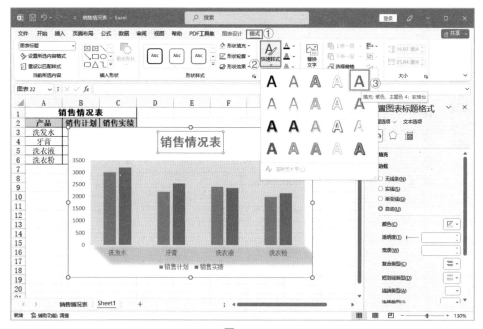

图 6-60

3 设置效果如图6-61所示。

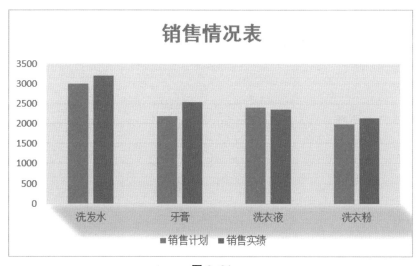

图 6-61

也可以通过分别执行【文本填充】【文本轮廓】【文本效果】命令，来设置艺术字的填充效果、轮廓效果、外观效果等样式格式，操作步骤与通过【形状填充】【形状轮廓】【形状效果】设置图表形状样式类似，这里不再赘述。

实用贴士

如果我们需要做大量类似图表，可以先精心制作一个图表，接着选中图表，单击鼠标右键，从弹出的快捷菜单中选择【另存为模板】命令，输入模板名称，单击【保存】按钮即可保存为模板。此后，只要在【插入图表】对话框中单击【模板】选项卡，就可以选中保存好的图表模板了。

Chapter

07

第 7 章
数据透视表和数据透视图

导读 ▷

数据透视表是Excel的一种非常优秀的工具，能够对大量数据进行快速汇总，并建立交叉列表，帮助用户对数据进行分析和组织。数据透视图则是基于数据透视表创建的数据表现形式，将数据透视表的数据直观、动态地展示出来。

学习要点：★认识数据透视表和数据透视图
　　　　　★掌握创建数据透视表的方法
　　　　　★掌握编辑数据透视表的方法
　　　　　★掌握创建数据透视图的方法
　　　　　★掌握编辑数据透视图的方法

7.1 认识数据透视表和数据透视图

数据透视表是 Excel 提供的一种交互式的表，可以动态地改变版面设置，以便用不同的方式分析数据。数据透视图则是在数据透视表基础上创建的。

7.1.1 认识数据透视表

作为 Excel 的一项代表性功能，数据透视表深受广大用户喜爱。大致上来说，数据透视表就是生成汇总表的工具，能够对数据进行深层次的解剖分析，发现数据背后的意义。

数据透视表的最大优势就是便利，只要有一张规范的基础表，它就可以像“变魔术”一样，瞬间生成不同角度、不同方式、不同层次的汇总表，帮助用户进行快捷的数据分析和组织。

想要更直观地理解数据透视表的作用，可以先看看如图 7–1 所示的“员工工资表”。

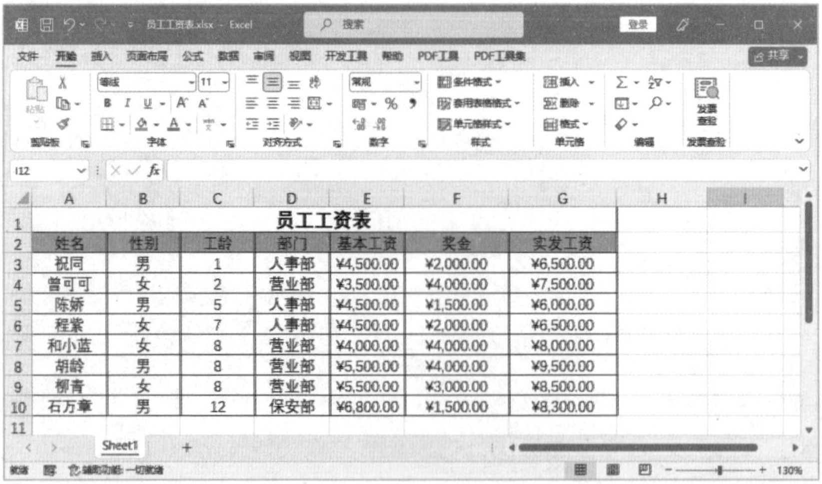
员工工资表

姓名	性别	工龄	部门	基本工资	奖金	实发工资
祝同	男	1	人事部	¥4,500.00	¥2,000.00	¥6,500.00
曾可可	女	2	营业部	¥3,500.00	¥4,000.00	¥7,500.00
陈娇	男	5	人事部	¥4,500.00	¥1,500.00	¥6,000.00
程紫	女	7	人事部	¥4,500.00	¥2,000.00	¥6,500.00
和小蓝	女	8	营业部	¥4,000.00	¥4,000.00	¥8,000.00
胡龄	男	8	营业部	¥5,500.00	¥4,000.00	¥9,500.00
柳青	女	8	营业部	¥5,500.00	¥3,000.00	¥8,500.00
石万章	男	12	保安部	¥6,800.00	¥1,500.00	¥8,300.00

图 7–1

使用数据透视表功能，就可以简单地做出各种信息的汇总，如图 7–2、图 7–3 所示。

图 7-2

图 7-3

从上面这个例子可以看出，数据透视表是可以进行求和与计数等运算的交互式报表，根据不同的需求和不同的关系，能够按照不同的统计方式查看数据结果。

数据透视表是一种动态数据分析工具，它的版面布置是可以动态改变的，从而能够通过不同的方式来分析数据。

一个完整的数据透视表，通常包括布局区域（指生产数据透视表的区域，由数据源、行字段、列字段和值字段等构成）、字段（显示数据源中的列标题，每个标题都是一个字段，主要包括"选择要添加到报表的字段"列表框、"筛选"区域、"行"区域、"列"区域和"值"区域等）。

7.1.2 认识数据透视图

在数据透视表的基础上诞生的数据透视图，能够让数据透视表更加生动。数据透视图可以通过更改数据的视图，来查看不同级别的明细数据，或者通过拖动字段、显示 / 隐藏字段中的项等来重新组织图表的布局，是 Excel 创建动态图表的主要方法之一。

数据动态图的显示效果如图 7-4 所示，是在图 7-2 的基础上生成的。

图 7-4

实用贴士

　　数据透视表是一种方便、快捷的工具，但并不是所有的工作表都有设置成数据透视表的必要。只有那些数值众多、结构复杂的工作表，才有必要设置数据透视表。此外，那些以流水账形式记录的工作表，也适合设置数据透视表。

7.2 创建数据透视表

用户通常运用系统推荐的方式来创建数据透视表，也可以自己手动添加。熟练掌握创建数据透视表的方法，能让工作更加得心应手。

7.2.1　认识数据源

在工作中，想要创建数据透视表，必须连接到相应的数据源。数据透视表的数据源主要分为以下四大类：

◆ Excel 工作表：使用 Excel 工作表为数据源，标题不能有空白单元格或者合并的单元格，否则数据透视表无法成功创建。

◆外部数据源：外部的文本文件和数据库等都可以作为数据源来创建数据透视表。

◆多重合并计算数据区域：多个独立的数据表格中的数据信息合并到一起，也可以作为数据源创建数据透视表。

◆其他数据透视表：创建完成的数据透视表，也可以作为数据源来创建新的数据透视表。

7.2.2　快速创建数据透视表

1.快速创建带数据的数据透视表

如果只需要一般的数据透视表，可以利用【推荐的数据透视表】对话框快速创建。如果快速创建后无法满足需要，可以选择相应字段进行编辑。

快速创建数据透视表的操作步骤如下：

1 打开工作表，以"员工工资表"为例，选中任意一个单元格，在【插入】选项卡下的【表格】选项组中，单击【推荐的数据透视表】按钮，如图7-5所示。

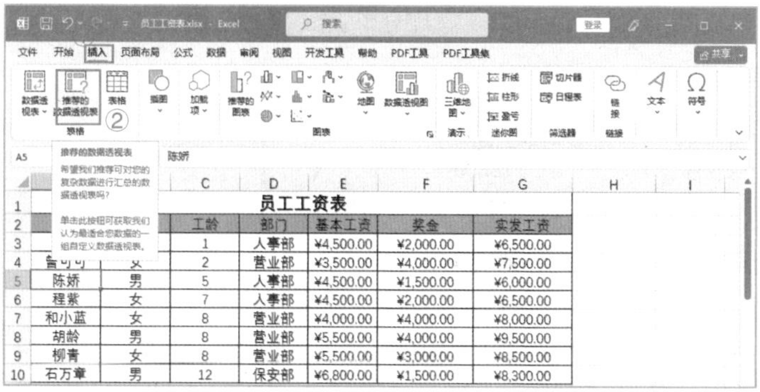

图 7-5

2 弹出【推荐的数据透视表】对话框，从左侧选择一种数据透视表的样式，可以在右侧看到预览，选择完毕后，单击【确定】按钮，如图7-6所示。

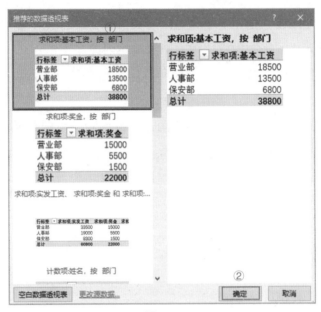

图 7-6

3 创建的数据透视表会出现在新打开的工作表中，并在工作表右侧弹出【数据透视表字段】任务窗格，上方功能区则会出现【数据透视表分析】选项卡和【设计】选项卡，如图7-7所示。

图 7-7

4 通过【数据透视表字段】任务窗格，可以快速添加数据。数据透视表会对多个同类数据进行折叠，单击【+】按钮，将展开折叠的一组数据，【+】按钮则会变成【-】按钮，如图7-8所示。

图 7-8

2.创建空的数据透视表

如果不想使用系统推荐的数据透视表，也可以创建新的数据透视表，操作步骤如下：

1 打开工作表，选中任意一个单元格，在【插入】选项卡下的【表格】选项组中，单击【数据透视表】按钮，如图7-9所示。

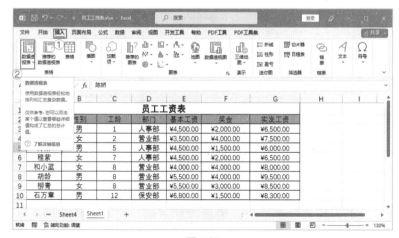

图 7-9

② 弹出【来自表格或区域的数据透视表】对话框，选中A2:G10单元格区域，并添加到【选择表格或区域】选项组下的【表/区域】文本框中，在【选择放置数据透视表的位置】选项组中则默认选中了【新工作表】单选按钮，单击【确定】按钮，如图7-10所示。

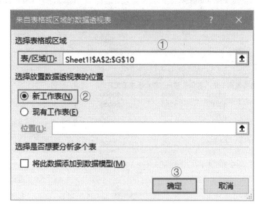

图 7-10

③ 系统会打开一个新的工作表，并创建一个数据透视表的框架，弹出【数据透视表字段】任务窗格，将该工作表重命名为【数据透视表】，以便与数据源所在的工作表区分，如图7-11所示。

图 7-11

创建了空的数据透视表之后，需要添加字段，可以选择添加到默认区域，也可以添加到指定区域。

在默认区域添加字段的操作步骤如下：

1 在【数据透视表字段】任务窗格中的【选择要添加到报表的字段】列表框中，勾选要分析的字段，如图7-12所示。

2 字段添加完毕后，效果如图7-13所示。

图 7-12   图 7-13

在指定区域添加字段的操作步骤如下：

1 在【数据透视表分析】选项卡下的【数据透视表】选项组中，单击【选项】下拉按钮，在下拉列表中选择【选项】选项，如图7-14所示。

图 7-14

② 弹出【数据透视表选项】对话框，单击【显示】选项卡，勾选【经典数据透视表布局（启用网格中的字段拖放）】复选框，单击【确定】按钮，如图7-15所示。

③ 返回工作表，可以看出已经切换为经典数据透视表布局，如图7-16所示。

图7-15   图7-16

④ 在【数据透视表字段】任务窗格中的【选择要添加到报表的字段】列表框中选择将哪些字段添加到报表，例如选中【性别】，单击鼠标右键，在弹出的快捷菜单中选择【添加到报表筛选】命令，如图7-17所示，就将【性别】字段添加到【筛选】列表框中了，同时在数据透视表的报表筛选区域中也会出现【性别】字段，如图7-18所示。

图7-17   图7-18

5 接下来可以重复运用以上的方法，选择【姓名】字段，单击鼠标右键，在弹出的快捷菜单中选择【添加到行标签】命令，就可以在数据透视表的行字段区域添加相关字段；选择【部门】字段，单击鼠标右键，在弹出的快捷菜单中选择【添加到列标签】命令，就可以在数据透视表的列字段区域添加相关字段；选择【基本工资】【奖金】和【实发工资】字段，单击鼠标右键，在弹出的快捷菜单中选择【添加到数值】命令，就可以在数据透视表的值字段区域添加相关字段。需要的字段添加完毕后的数据透视表如图7-19所示。

	A	B	C	D	E	F
1						
2	性别	(全部)				
3						
4			值	部门		
5			求和项:工龄			求和项:奖金
6	姓名	基本工资	营业部	人事部	保安部	营业部 人事部
7	⊟曾可可	¥3,500.00	2			4000
8	曾可可 汇总		**2**			**4000**
9	⊟陈娇	¥4,500.00		5		
10	陈娇 汇总			**5**		
11	⊟程紫	¥4,500.00		7		
12	程紫 汇总			**7**		
13	⊟和小蓝	¥4,000.00	8			4000
14	和小蓝 汇总		**8**			**4000**
15	⊟胡龄	¥5,500.00	8			4000
16	胡龄 汇总		**8**			**4000**
17	⊟柳青	¥5,500.00	8			3000

Sheet4　数据透视表　Sheet1　+

图 7-19

【数据透视表分析】选项卡和【设计】选项卡，只有在选中数据透视表内的任意单元格时才会出现。如果选中空白单元格，这两个选项卡就会隐藏。同理，【数据透视图分析】选项卡、【设计】选项卡和【格式】选项卡也是选中数据透视图时才会出现。

7.3 编辑数据透视表

创建数据透视表后，用户还可以单击其中的任意一个单元格对数据透视表进行编辑，例如删除字段、添加字段、移动位置或对数据透视表进行美化等。

7.3.1 删除字段

在对数据透视表中的数据进行分析时，对于用不到的某个字段，需要进行删除。删除字段时，可以使用任务窗格，也可以使用快捷菜单。

使用任务窗格删除字段的操作步骤如下：

1 打开数据透视表，在【数据透视表字段】任务窗格中选择想要删除的字段，如【列】区域中的【部门】字段，单击字段右方的箭头，在弹出的列表中选择【删除字段】命令，如图7-20所示。

2 返回工作表，可以看到【部门】字段被删除了，如图7-21所示。

图 7-20   图 7-21

也可以直接在【数据透视表字段】任务窗格的【选择要添加到报表的字段】列表框中取消勾选【部门】复选框，相应的字段也会被删除，如图 7-22 所示。

图 7-22

使用快捷菜单删除字段的操作步骤如下：

选择数据透视表中想要删除的字段，如【部门】字段，单击鼠标右键，在弹出的快捷菜单中选择【删除"部门"】命令，相应字段就会被删除，如图7-23所示。

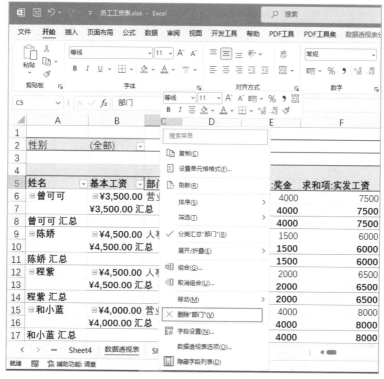

图 7-23

7.3.2　移动字段

工作中有时需要在数据透视表的不同字段区域之间移动字段，操作步骤如下：

1　打开数据透视表，在【数据透视表字段】任务窗格的【在以下区域间拖动字段】区域中单击想要移动的字段，如【列】区域中的【部门】字段，单击该字段右方的箭头，在弹出的列表中选择相应的命令，如【移动到行标签】命令，如图7-24所示。

2 移动完成后，【列】区域中的【部门】字段就会移动到【行】区域，如图7-25所示。

图 7-24   图 7-25

7.3.3 更换汇总方式

Excel 能够进行求和、计数、平均值、最大值、最小值等多种方式的汇总，其中数据透视表以求和为默认的汇总方式。想要更换为其他汇总方式，需要设置值字段。

设置值字段有两种方法，可以选择设置【值】区域字段，也可以选择设置【行】区域字段。如果选择设置【值】区域字段，只会改变选中的值字段的汇总方式；而设置【行】区域字段之后，可以直接影响所有的值字段，用户根据工作需要选择合适的方式即可。

1.设置【值】区域字段

设置【值】区域字段的操作步骤如下：

1 打开数据透视表，在【数据透视表字段】任务窗格的【在以下区域间拖动字段】的【值】区域，单击需要设置汇总方式的字段，如【求和项：实发工资】字段右方的箭头，在弹出的列表中选择【值字段设置】命令，如图7-26所示。也可以在数据透视表中选中【求和项：实发工资】字段所在的单元格，单击鼠标右键，在弹出的快捷菜单中选择【值字段设置】命令，如图7-27所示。还可以单击功能区的【数据透视表分析】选项卡下的【活动字段】选项组中的【字段设置】按钮，如图7-28所示。

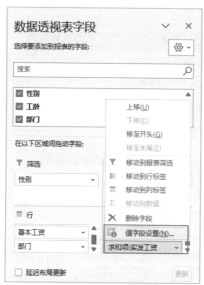

图 7-26

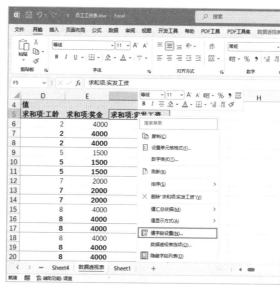

图 7-27

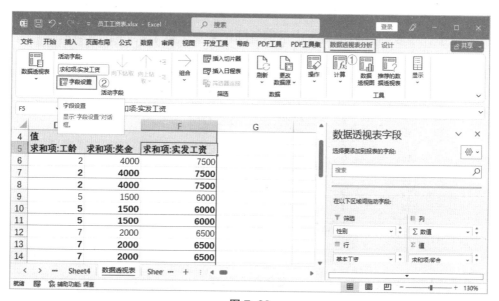

图 7-28

2　弹出【值字段设置】对话框，在【值汇总方式】选项卡下的【选择用于

199

汇总所选字段数据的计算类型】列表框中选择一种字段计算类型，如【平均值】选项，如图7–29所示。

3 单击【值显示方式】选项卡，设置数据显示的方式，这里选择【无计算】选项，单击【确定】按钮，如图7–30所示。

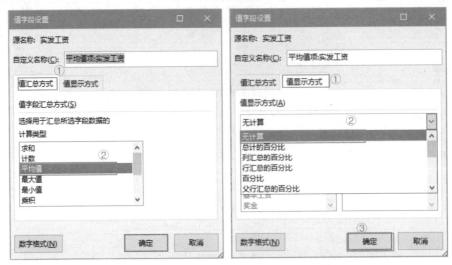

图 7–29

图 7–30

4 返回工作表，可以看到【实发工资】字段的汇总方式变成了【平均值】，字段的名称也改为【平均值项：实发工资】，如图7–31所示。

	D	E	F	G
4	值			
5	求和项:工龄	求和项:奖金	平均值项:实发工资	
6	2	4000	7500	
7	2	4000	7500	
8	2	4000	7500	
9	5	1500	6000	
10	5	1500	6000	
11	5	1500	6000	
12	7	2000	6500	
13	7	2000	6500	
14	7	2000	6500	

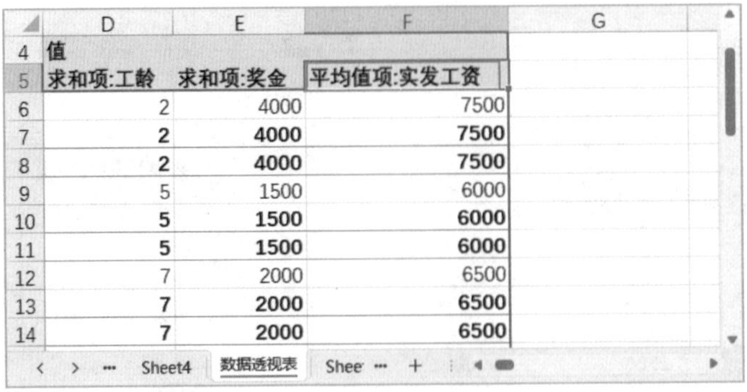

图 7–31

2.设置【行】区域字段

设置【行】区域字段的操作步骤如下：

1 打开数据透视表，选中【姓名】字段所在的A5单元格，在【数据透视表

分析】选项卡下的【活动字段】选项组中，单击【字段设置】按钮，如图7-32所示。

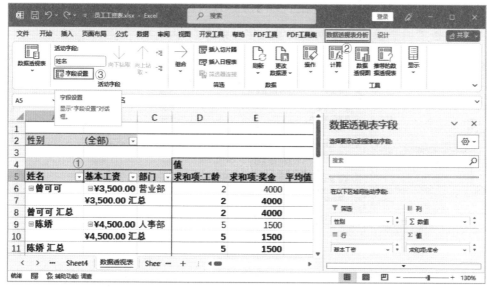

图 7-32

2　弹出【字段设置】对话框，在【分类汇总和筛选】选项卡下的【小计】区域，单击【无】单选按钮，再单击【确定】按钮，如图7-33所示。

3　返回工作表，可以看到姓名下方的汇总行都隐藏起来了，如图7-34所示。

图 7-33　　　　　　　　　　　　图 7-34

4　选中A5单元格，打开【字段设置】对话框，在【分类汇总和筛选】选项卡下的【小计】区域，单击【自定义】单选按钮，然后在【选择一个或多个函数】列表框中选择需要的函数，这里选择【求和】和【平均值】函数，单击【确定】按钮，如图7-35所示。

5 返回工作表，可以看到各个部门汇总方式均为【求和】和【平均值】，而各个值字段的名称没有发生变化，如图7-36所示。

图 7-35   图 7-36

7.3.4 美化数据透视表

重新布局数据透视表，设置数据透视表的样式，能让数据透视表变得整洁、美观。

1.重新布局数据透视表

数据透视表的重新布局，可以通过【设计】选项卡下的【布局】选项组中的【分类汇总】【总计】【报表布局】和【空行】四个选项实现。这四个选项作用不同，但是操作步骤相似，这里以【报表布局】选项为例，介绍一下数据透视表重新布局的方法，操作步骤如下：

1 打开数据透视表，选中任意一个单元格，单击【报表布局】下拉按钮，在下拉列表中选择【以压缩形式显示】选项，如图7-37所示。

2 返回数据透视表，重新布局后的样式如图7-38所示。

2.设置数据透视表样式

在【设计】选项卡下的【数据透视表样式选项】选项组中，勾选【行标题】

【列标题】【镶边行】【镶边列】，全部勾选后的数据透视表的样式如图 7-39
所示。

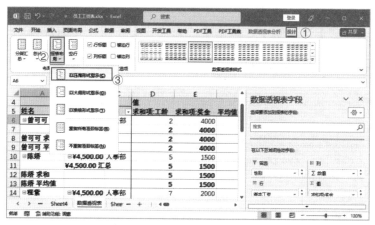

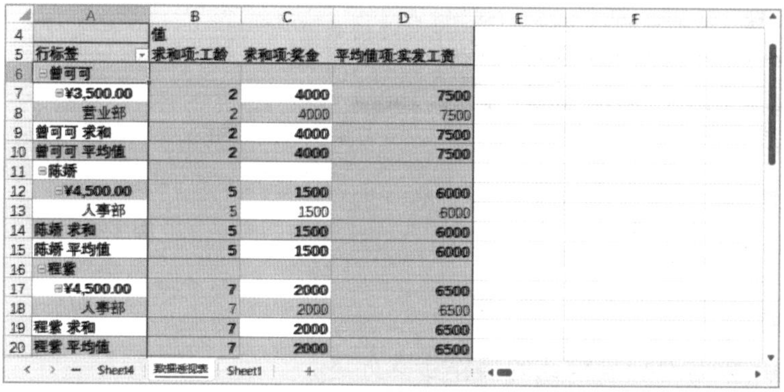

图 7-37

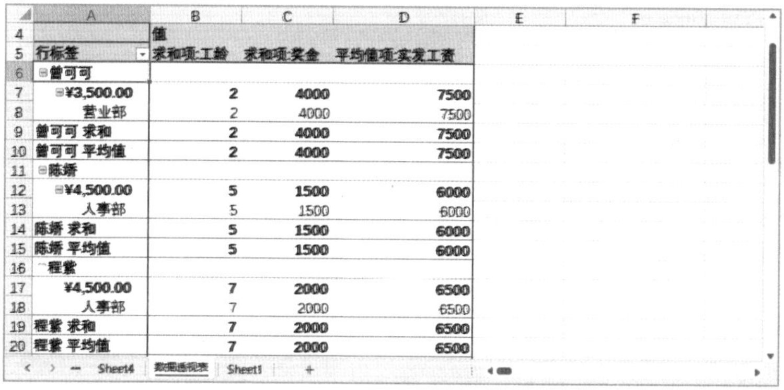

图 7-38

图 7-39

此外，还可以套用预设的数据透视表样式，或自定义数据透视表样式。

套用预设的数据透视表样式，操作步骤如下：

1️⃣ 打开数据透视表，选中任意一个单元格，在【设计】选项卡下的【数据
透视表样式】选项组中，单击【快速样式】按钮，如图7-40所示。

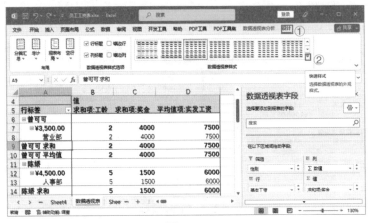

图 7-40

2️⃣ 在下拉列表中有不少系统提供的格式模板供我们选择，例如选择【中
等色】类中的【浅橙色，数据透视表样式中等深浅3】选项，如图7-41
所示。

3️⃣ 应用效果如图7-42所示。

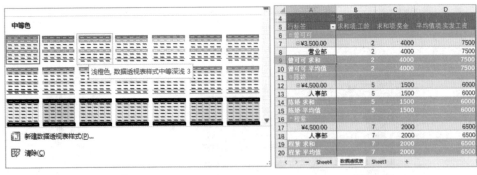

图 7-41   图 7-42

3.自定义数据透视表样式

自定义数据透视表样式的操作步骤如下：

1️⃣ 打开数据透视表，选中任意一个单元格，在【设计】选项卡下的【数据

透视表样式】选项组中，单击【快速样式】按钮，在下拉列表中选择
【新建数据透视表样式】选项，如图7-43所示。

2　弹出【新建数据透视表样式】对话框，在【名称】文本框中输入自定义
名称，也可以直接用系统默认的名称，然后在【表元素】列表框中设置
想要的行与列的条纹等，如选择【标题行】选项，单击【格式】按钮，如
图7-44所示。

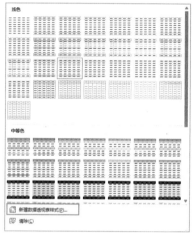

图 7-43　　　　　　　　　　　　　　　　　　图 7-44

3　弹出【设置单元格格式】对话框，在【字体】选项下设置字体颜色为
【红色】，如图7-45所示；在【填充】选项下设置填充颜色为【粉
色】，单击【确定】按钮，如图7-46所示。

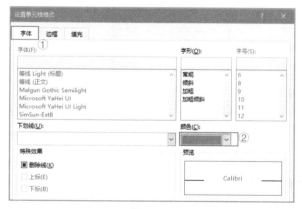

图 7-45

④ 接下来，其他表元素也可以用以上方法进行设置。设置完之后，返回数据透视表，单击【数据透视表样式】选项组中【快速样式】按钮，在列表中选择自定义的【数据透视表样式1】即可，如图7-47所示。

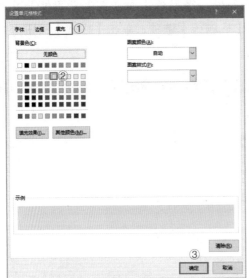

图 7-46

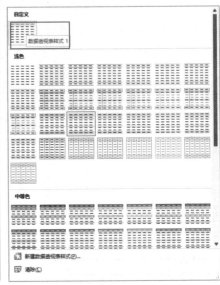

图 7-47

⑤ 应用效果如图7-48所示。

	A	B	C	D	E	F
4		值				
5	行标签 ▼	求和项:工龄	求和项:奖金	平均值项:实发工资		
6	⊟曾可可					
7	⊟¥3,500.00	2	4000	7500		
8	营业部	2	4000	7500		
9	曾可可 求和	2	4000	7500		
10	曾可可 平均值	2	4000	7500		
11	⊟陈娇					
12	⊟¥4,500.00	5	1500	6000		
13	人事部	5	1500	6000		
14	陈娇 求和	5	1500	6000		
15	陈娇 平均值	5	1500	6000		
16	⊟程紫					
17	⊟¥4,500.00	7	2000	6500		
18	人事部	7	2000	6500		
19	程紫 求和	7	2000	6500		
20	程紫 平均值	7	2000	6500		

图 7-48

7.3.5 更改数据源

更改数据源的操作步骤如下：

1　打开数据透视表，选中任意一个单元格，在【数据透视表分析】选项卡
下的【数据】选项组中，单击【更改数据源】下拉按钮，在下拉列表中
选择【更改数据源】选项，如图7-49所示。

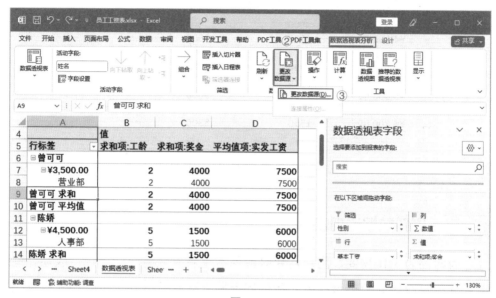

图 7-49

2　弹出【更改数据透视表数据源】对话框，单击【选择一个表或区域】中
【表/区域】右侧的折叠按钮，如图7-50所示。

3　返回工作表，重新选择数据透视表的数据源，单击展开按钮，返回对话
框，可以看到在【表/区域】文本框中显示更改后的数据源，单击【确定】
按钮，如图7-51所示。

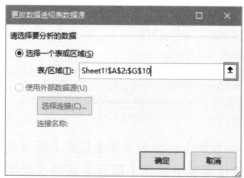

图 7-50

图 7-51

④ 更改数据源后的效果如图7-52所示。

	A	B	C	D
4		值		
5	行标签 ▼	求和项:奖金	平均值项:实发工资	
6	⊟¥3,500.00	**4000**	**7500**	
7	营业部	4000	7500	
8	⊟¥4,000.00	**4000**	**8000**	
9	营业部	4000	8000	
10	⊟¥4,500.00	**5500**	**6333.333333**	
11	人事部	5500	6333.333333	
12	⊟¥5,500.00	**7000**	**9000**	
13	营业部	7000	9000	
14	⊟¥6,800.00	**1500**	**8300**	

数据透视表　Sheet1　＋

图 7-52

7.3.6 刷新数据透视表

有时因为工作需要，用户需要对数据透视表的数据源区域进行改动，此时如果不及时刷新数据透视表，数据的准确性就无法得到保证。刷新数据透视表的方式有两种，即手动刷新和自动刷新。

1.手动刷新

① 打开工作表，以"员工工资表"为例，选中任意一个单元格，例如E6单元格，修改数据为"8000"，按【Enter】键，如图7-53所示。

	A	B	C	D	E	F	G	H	I
1				员工工资表					
2	姓名	性别	工龄	部门	基本工资	奖金	实发工资		
3	祝同	男	1	人事部	¥4,500.00	¥2,000.00	¥6,500.00		
4	曾可可	女	2	营业部	¥3,500.00	¥4,000.00	¥7,500.00		
5	陈娇	男	5	人事部	¥4,500.00	¥1,500.00	¥6,000.00		
6	程紫	女	7	人事部	¥8,000.00	¥2,000.00	¥6,500.00		
7	和小蓝	女	8	营业部	¥4,000.00	¥4,000.00	¥8,000.00		
8	胡龄	男	8	营业部	¥5,500.00	¥4,000.00	¥9,500.00		
9	柳青	女	8	营业部	¥5,500.00	¥3,000.00	¥8,500.00		
10	石万章	男	12	保安部	¥6,800.00	¥1,500.00	¥8,300.00		
11									

数据透视表　Sheet1　＋

图 7-53

② 切换到数据透视表，在【数据透视表分析】选项卡下的【数据】选项组中，单击【刷新】下拉按钮，在下拉列表中选择【刷新】选项，如图7-54所示。

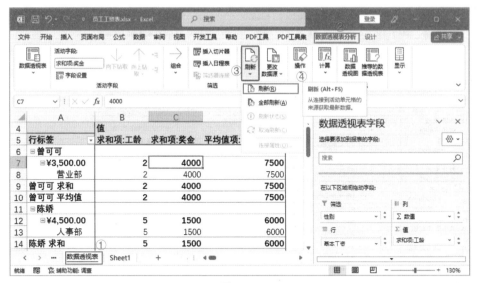

图 7–54

③ 此时便可看到刷新后的结果，如图7–55所示。

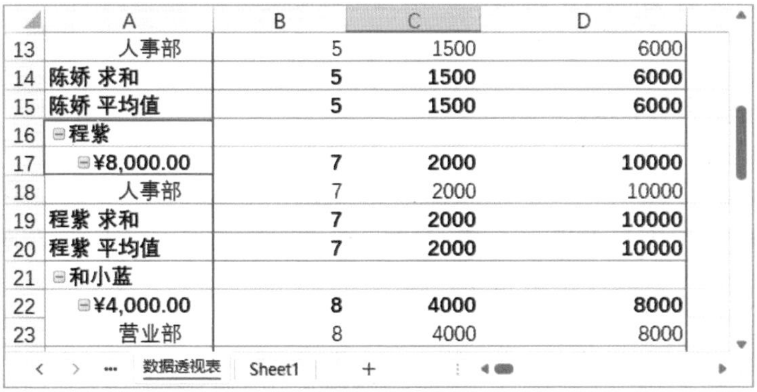

图 7–55

2.自动刷新

想要自动刷新数据透视表，需要提前进行设置，操作步骤如下：

① 打开数据透视表，选中任意一个单元格，单击鼠标右键，在弹出的快捷
菜单中选择【数据透视表选项】命令，如图7–56所示。

② 弹出【数据透视表选项】对话框，单击【数据】选项卡，然后勾选【数
据透视表数据】选项组中的【打开文件时刷新数据】复选框，单击【确
定】按钮，如图7–57所示。

图 7-56

图 7-57

③ 打开数据透视表时系统就能实现自动刷新。

7.3.7 排序与筛选

与普通的工作表一样，数据透视表也能够进行排序和筛选。数据透视表的排序功能和规则与普通工作表一致，但排序结果略有不同；在筛选方法方面，数据透视表与普通表格也不一样。

1.数据透视表的排序

对数据透视表进行排序，主要是对数值进行排序，有时候也要对【行】区域字段进行排序。对数值进行排序，操作步骤如下：

1️⃣ 打开数据透视表，选中任意一个单元格，例如D9单元格，在【数据】选项卡下的【排序和筛选】选项组中，单击【降序】按钮，如图7-58所示。

2️⃣ 返回工作表，排序结果如图7-59所示。

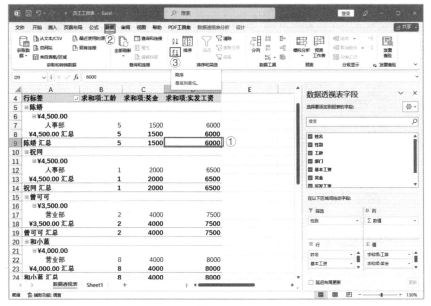

图 7-58

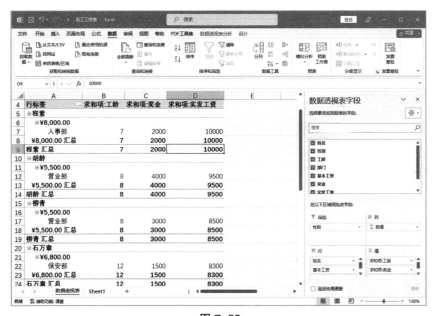

图 7-59

也可以使用快捷菜单来对数值进行排序，操作步骤如下：

打开数据透视表，选中 D9 单元格，单击鼠标右键，在弹出的快捷菜单中选择【排序】命令，在子列表中选择【降序】命令，如图 7-60 所示。

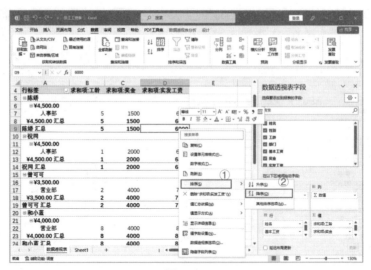

图 7-60

对【行】区域字段进行排序时也可以用上述的办法，此外还可以用如下办法进行排序。

1 打开数据透视表，选中任意一个单元格，单击【行标签】下拉按钮，在列表中单击【选择字段】下拉按钮，选择其中一个选项，例如【部门】选项，选择【升序】或【降序】选项即可，这里选择【降序】选项，如图7-61所示。

图 7-61

2 返回数据透视表，各部门都已经按照降序进行了排序，如图7-62所示。

图 7-62

2.数据透视表的筛选

对数据透视表进行筛选时，主要是对【行】字段进行筛选，也可以对数值进行筛选。对【行】字段进行筛选时，主要是用字段下拉列表进行筛选，还可以使用标签筛选功能进行筛选；对数值进行筛选时，主要是使用【值筛选】功能。

使用字段下拉列表筛选【行】字段时，操作步骤如下：

1 打开数据透视表，单击【行标签】下拉按钮，在列表中单击【选择字段】下拉按钮，选择【姓名】选项，然后在列表中勾选需要筛选的字段，例如选择【祝同】【柳青】【和小蓝】，单击【确定】按钮，如图7-63所示。

2 返回数据透视表，可以看到"祝同""柳青""和小蓝"的字段信息被筛选出来了，如图7-64所示。

图 7-63　　　　　　　　　　图 7-64

3 单击【行标签】下拉按钮，在列表中单击【选择字段】下拉按钮，选择
【部门】选项，然后在列表中勾选【营业部】字段的复选框，单击【确
定】按钮，如图7-65所示。

4 返回数据透视表，筛选出的员工字段信息如图7-66所示。

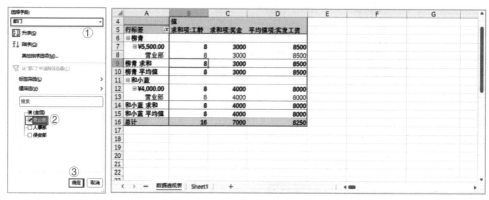

图 7-65　　　　　　　　　　　　　　　　　图 7-66

数据透视表的标签筛选功能，可以使用【等于】【不等于】【开头是】【开
头不是】等条件对【行】区域字段进行筛选，例如在数据透视表中筛选出姓
"程"的员工信息，操作步骤如下：

1 打开数据透视表，单击【行标签】下拉按钮，在列表中单击【选择字段】
下拉按钮，选择【姓名】选项，然后在列表中选择【标签筛选】，选择
子列表中的【开头是】选项，如图7-67所示。

图 7-67

② 弹出【标签筛选（姓名）】对话框，在【开头是】选项右侧的文本框中输入"程*"，单击【确定】按钮，如图7-68所示。

③ 返回数据透视表，可见姓"程"的员工的字段信息被筛选出来了，如图7-69所示。

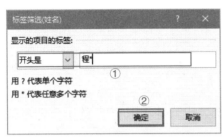

图 7-68

图 7-69

数据透视表的【值筛选】功能，也可以使用【等于】【不等于】【大于】【小于】【前10项】等条件对数值进行筛选，例如在数据透视表中使用值筛选功能筛选出"实发工资大于或等于9000"的员工信息，操作步骤如下：

① 打开数据透视表，单击【行标签】下拉按钮，在列表中单击【选择字段】下拉按钮，选择【姓名】选项，在列表中选择【值筛选】选项，再在子列表中选择【大于或等于】选项，如图7-70所示。

图 7-70

2 弹出【值筛选（姓名）】对话框，单击【显示符合以下条件的项目】下第一个文本框中选择【平均值项：实发工资】，再在【大于或等于】右侧的文本框中输入"9000"，单击【确定】按钮，如图7-71所示。

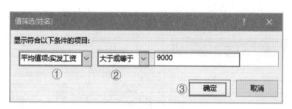

图7-71

3 返回数据透视表，可以看到"实发工资大于或等于9000"的员工信息被筛选出来了，如图7-72所示。

	A	B	C	D	E	F
1						
2	性别	(全部)				
3						
4		值				
5	行标签	求和项:工龄	求和项:奖金	平均值项:实发工资		
6	⊟程紫					
7	⊟¥8,000.00	7	2000	10000		
8	人事部	7	2000	10000		
9	程紫 求和	7	2000	10000		
10	程紫 平均值	7	2000	10000		
11	⊟胡龄					
12	⊟¥5,500.00	8	4000	9500		
13	营业部	8	4000	9500		
14	胡龄 求和	8	4000	9500		
15	胡龄 平均值	8	4000	9500		
16	总计	15	6000	9750		
17						

图7-72

7.3.8 清除与删除

1.清除数据透视表

想要清除数据透视表中全部的报表筛选、标签、值和格式等，可以使用全部清除功能，该操作删除数据透视表，保留其数据链接、位置和缓存，让用户能够有效地重新设置数据透视表。

清除数据透视表的操作步骤如下：

1 打开数据透视表，选中任意一个单元格，在【数据透视表分析】选项卡下的【操作】选项组中，单击【清除】按钮，在下拉列表中选择【全部清除】选项，如图7-73所示。

图 7-73

2 此时便可看到，数据透视表的清除已经完成，如图7-74所示。

图 7-74

2.删除数据透视表

有时因工作需要，要删除整个数据透视表，操作步骤如下：

1 打开数据透视表，选中任意一个单元格，在【数据透视表分析】选项卡下的【操作】选项组中，单击【选择】下拉按钮，在下拉列表中选择【整个数据透视表】选项，如图7-75所示。

图 7-75

2　此时整个数据透视表已被选中，如图7-76所示。

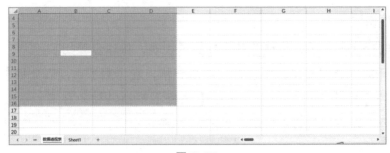

图 7-76

3　按【Delete】键，就实现了整个数据透视表的删除，效果如图7-77
所示。

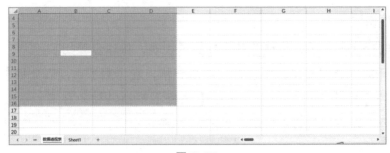

图 7-77

7.3.9 切片器的使用

切片器是 Excel 的一种方便、直观地反映各种数据的工具，能够简化数据的筛选操作。

1.插入切片器

在数据透视表中插入切片器，操作步骤如下：

1️⃣ 打开数据透视表，选中任意一个单元格，在【数据透视表分析】选项卡下的【筛选】选项组中，单击【插入切片器】按钮，如图7-78所示。

图 7-78

2️⃣ 弹出【插入切片器】对话框，勾选数据透视表中需要创建切片器的字段，如【姓名】【性别】【部门】，单击【确定】按钮，如图7-79所示。

3️⃣ 返回数据透视表，可以看到新建的切片器已经依次浮动在工作表上了，如图7-80所示。

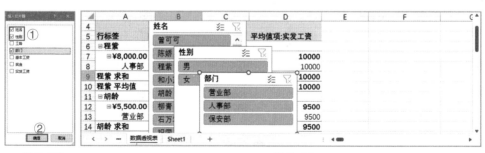

图 7-79   图 7-80

另外，单击【插入】选项卡下的【筛选器】选项组中的【切片器】按钮，也能快捷地插入切片器。

2.使用切片器进行数据筛选

切片器可以用来便捷地进行数据筛选，操作步骤如下：

1 在【部门】切片器中单击【营业部】字段，营业部员工的信息已经筛选出来了，如图7-81所示。

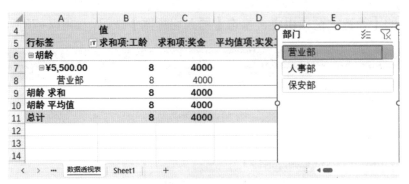

图 7-81

2 切换到【姓名】切片器，按住【Ctrl】键依次单击需要筛选的字段，如【和小蓝】【胡龄】【柳青】，三人的信息就筛选出来了，如图7-82所示。

	A	B	C	D	E
4	值				姓名
5	行标签	求和项:工龄	求和项:奖金	平均值项:实发工资	曾可可
6	⊟和小蓝				和小蓝
7	⊟¥4,000.00	8	4000	8000	胡龄
8	营业部	8	4000	8000	柳青
9	和小蓝 求和	8	4000	8000	
10	和小蓝 平均值	8	4000	8000	陈娇
11	⊟胡龄				程紫
12	⊟¥5,500.00	8	4000	9500	石万章
13	营业部	8	4000	9500	祝同
14	胡龄 求和	8	4000	9500	
15	胡龄 平均值	8	4000	9500	
16	⊟柳青				
17	⊟¥5,500.00	8	3000	8500	
18	营业部	8	3000	8500	
19	柳青 求和	8	3000	8500	
20	柳青 平均值	8	3000	8500	

图 7-82

实用贴士

　　在数据透视表中，有一个非常便捷的功能，就是"向下钻取"。我们选中数据透视表中的一个数汇总结果，如果想知道它的明细数据，就可以双击该汇总结果所在的单元格，系统就会自动向下钻取，新建一个工作表来表示构成这个汇总数据的明细数据。

7.4 创建数据透视图

　　数据透视图作为数据透视表的延伸和补充，可以给工作提供便利，应用是比较广泛的。

7.4.1 根据数据源创建

1　打开工作表，以"员工工资表"为例，选中任意一个单元格，在【插入】选项卡下的【图表】选项组中，单击【数据透视图】下拉按钮，在下拉列表中选择【数据透视图】选项，如图7-83所示。

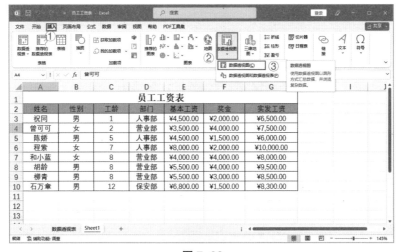

图 7-83

2 弹出【创建数据透视图】对话框，可以看到【选择一个表或区域】的
   【表/区域】文本框中自动选中了A2:G10单元格区域，在【选择放置数
   据透视图的位置】选项组中则选中了【新工作表】按钮，单击【确定】
   按钮，如图7-84所示。

3 此时，系统自动创建了一个包含着空白数据透视图的新工作表，并弹出
   【数据透视图字段】任务窗格。为了方便工作，我们可以将该工作表重
   命名为【数据透视图】，如图7-85所示。

图 7-84   图 7-85

4 在【数据透视图字段】任务窗格的【选择要添加到报表的字段】列表框
   中选择【部门】选项，单击鼠标右键，从弹出的快捷菜单中选择【添加
   到报表筛选】命令，如图7-86所示。

图 7-86

5 可以看到，【部门】字段被添加到数据透视图的页字段区域内了，如图
7-87所示。

图 7-87

6 接下来可以重复运用以上的方法，从快捷菜单中选择【添加到轴字段
（分类）】命令，在数据透视图的分类轴上添加【姓名】字段；从快捷
菜单中选择【添加到数值】命令，在数据透视图的值字段区域添加【实
发工资】字段，字段添加完毕后，显示结果如图7-88所示。

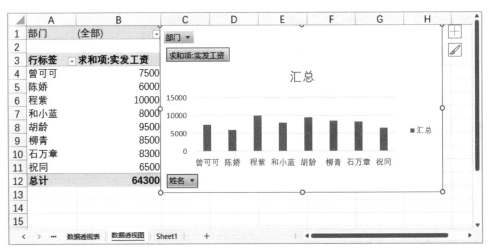

图 7-88

7.4.2 根据数据透视表创建

1️⃣ 打开数据透视表，选中任意一个单元格，在【数据透视表分析】选项卡下的【工具】选项组中，单击【数据透视图】按钮，如图7-89所示。

图 7-89

2️⃣ 弹出【插入图表】对话框，在左侧的列表框中选择【柱形图】选项，接着在右侧的面板中选择【簇状柱形图】，单击【确定】按钮，如图7-90所示。

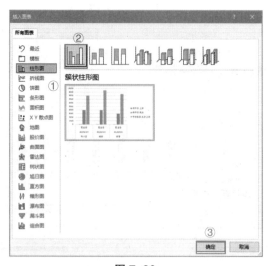

图 7-90

3　返回数据透视表，可以看到簇状柱形图创建成功了，如图7-91所示。

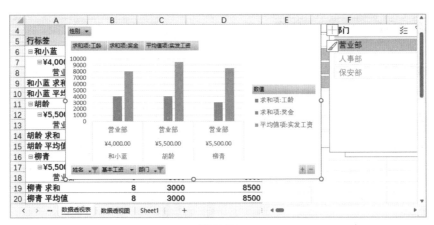

图 7-91

　　数据透视图比普通图表多了很多的筛选按钮，影响了图表的专业性和整洁度。想要把筛选按钮隐藏起来，可以在【数据透视图分析】选项卡下的【显示/隐藏】选项组中单击【字段按钮】按钮，实现对筛选按钮的隐藏。用到这些筛选按钮的时候，还可以用同样的方式将其显示出来。

7.5　编辑数据透视图

　　数据透视图的编辑与普通图表有很多相似之处，由于数据透视图的结构相对复杂，编辑时一定要选中整个数据透视图，否则会让编辑出现偏差。

7.5.1　更改数据透视图类型

　　数据透视图创建完毕后，如果感觉不满意，没有必要重新创建，只需要更改其类型就可以了，操作步骤如下：

1　打开创建完毕的数据透视图，在【设计】选项卡下的【类型】选项组中，单击【更改图表类型】按钮，如图7-92所示。

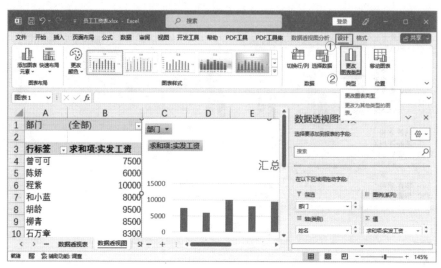

图 7-92

2　弹出【更改图表类型】对话框，在左侧列表框中重新选择想要的数据透视图类型，例如选择【折线图】选项，再从右侧面板中选择一个【折线图】的子类型，这里依然选择【折线图】，单击【确定】按钮，如图7-93所示。

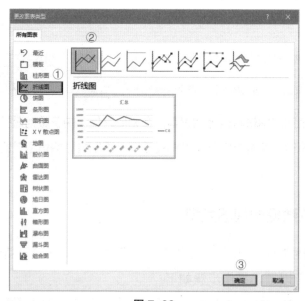

图 7-93

3　返回工作表，可以看到数据透视图的类型已经更改为折线图了，如图 7-94所示。

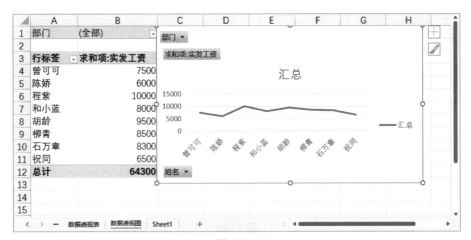

图 7-94

7.5.2　调整大小和位置

1.调整数据透视图大小

1　打开工作表，选中要移动位置的数据透视图，将鼠标指针移到数据透视图边框的右下角，指针就变为斜双向箭头，如图7-95所示。

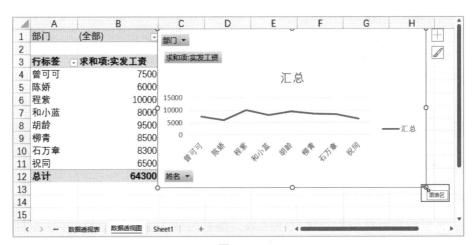

图 7-95

2️⃣ 按住鼠标左键，向右下角或者左上角拖动，数据透视图的大小就发生相应变化，大小合适后松开鼠标左键即可，如图7-96所示。

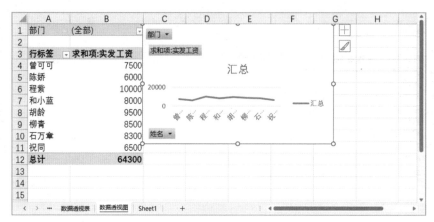

图 7-96

3️⃣ 数据透视图的大小还可以在功能区进行调整，选中数据透视图，在【格式】选项卡下的【大小】选项组中，调整高度和宽度即可，如图7-97所示。

图 7-97

2.调整数据透视图位置

将鼠标指针移到数据透视图区域，指针会变为【 ✥ 】形状，按住鼠标左键不动可以进行拖动，将其拖到合适的位置即可，如图 7-98 所示。

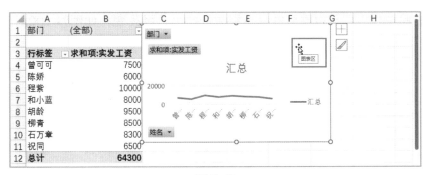

图 7-98

7.5.3 设置透视图布局

Excel 预置了多种数据透视图的布局，我们想要更改数据透视图的布局时，可以使用【快速布局】命令来进行，也可以通过【添加图表元素】命令添加各种元素，让数据透视图更加丰富。

1.快速布局

快速布局的操作步骤如下：

1️⃣ 选中数据透视图，在【设计】选项卡下的【图表布局】选项组中单击【快速布局】下拉按钮，从下拉列表中选择合适的布局，如【布局5】，如图7-99所示。

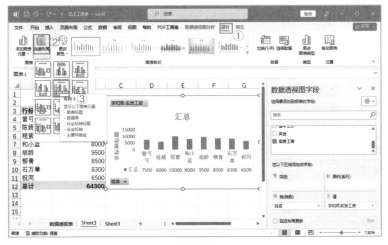

图 7-99

2 返回工作表，可以看到数据透视图的布局已经改变，如图7-100所示。

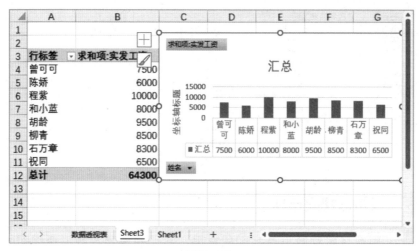

图 7-100

2.添加图表元素

添加图表元素的操作步骤如下：

1 在【设计】选项卡下的【图表布局】选项组中，单击【添加图表元素】下拉按钮，从下拉列表中选择【数据标签】选项，接着在子列表中选择【居中】选项，如图7-101所示。

图 7-101

2　数据透视图中的数据标签位置发生了改变，如图7-102所示。

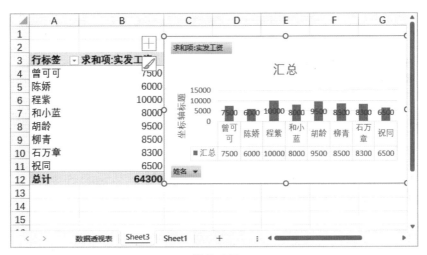

图 7-102

重复运用以上的方法，根据需要添加其他元素，如【坐标轴】【坐标轴标题】【图表标题】【数据表】【误差线】【网格线】和【图例】等。

还有一种添加图表元素的方法，操作步骤如下：

1　选中数据透视图，单击【图表元素】按钮，选择一种图表元素，例如【数据标签】，单击【数据标签】右侧的三角按钮，从展开的列表中选择【数据标签外】选项，如图7-103所示。

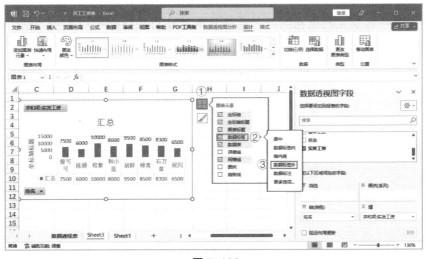

图 7-103

2 图例的位置设置完成，效果如图7-104所示。

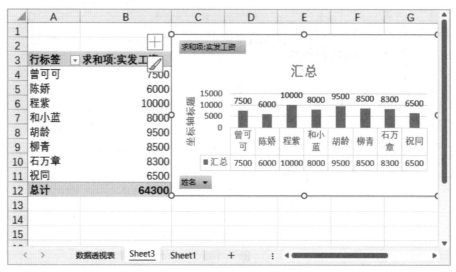

图 7-104

重复运用以上的方法，可以对其他图表元素进行设置，这里不再赘述。

在商业报告的工作表中，数据透视表和数据透视图通常都是以蓝色为主色调的，除蓝色比较雅致外，还顾虑到阅读者中是不是有红绿色盲。此外，在制作商业报告工作表时，很多用户会找到一些专业的配色网站，选择更加适合商业场合的颜色。